文庫

人間はどういう動物か

日高敏隆

筑摩書房

目次

第一章 人間はどういう動物か 11

人間と動物 12
直立二足歩行 17
毛のないけもの 26
おっぱいの形 31
オスの戦略・メスの戦略 36
人間は一夫一妻 40
少子化の論理 44
遺伝子とミームの相克 50

飽食の理由　54
概念の形成と死の発見　57
言語とはなにか　60
学習のシステム　64
人間はどのような育ちかたをする動物か　71
人間はなぜ争うのか　74
美学の問題　80

第二章　論理と共生――85

町の動物たち　86
都市緑化における触覚　92
昆虫の接触化学感覚
人間の触覚

近距離感覚としての触覚
遠距離感覚における触覚—visual texture—
都市緑化とテクスチュア
計画と偶然の間 103
動物たちの都市
拡大する都市
自然界の計画性
累積的にはたらく淘汰
「人間の論理」と「自然の論理」
論理と共生 117
「人里」をつくる 124

第三章　そもそも科学とはなにか　133

動物行動学が提出した問題　134
動物行動学の変遷
「利己的遺伝子」説
自我の問題から社会まで
ファーブルなんて「愚の骨頂」だった　147
ローレンツは時代の「すこし先」をいっていた　153
科学でなにが得られるか?　158
世の中に真理はない　163
幽霊は想像力の欠如の産物　167
レフェリーがつくとアイデアがつぶされる　171
科学と神は必ずしも対立しない　175
「賢く利己的」であること　183

利己的な「死」 189
あとがき 195
解説　教養としての科学（絲山秋子） 199

人間はどういう動物か

イラスト——佐々木とも子

第一章　人間はどういう動物か

人間と動物

人間もまた動物である。

こう言うとみんな当然だと思うが、気持ちのどこかに人間はほかの動物とはちがうという意識があるから、「人間と動物」と分けた言いかたをする。「ネコと動物」と言う人はいないけれども、「人間と動物はどこがちがいますか?」と問うことはふつうである。

なぜだろうか。

ずいぶん昔の話だが、ある心理学系の先生と、NHKテレビで対談をしたことがある。ぼくが「人間も動物ですからね」と言うと、その先生は、「たしかに人間は動物です。体の構造で言えば、たとえば肺があって、心臓があって、腸があって、肝臓がある。心臓が止まれば死んでしまう。そういう意味ではイヌやネコとまったく同じです。しかし人間には、「やはり人間でなければ」という「人間らしさ」があるでしょう」とおっしゃった。ぼくはそれがひっかかった。

たとえば戦争は「人間らしさ」のあらわれである。ほかの動物は戦争をすることは絶対にない。今、世界じゅうで起こっている紛争は、悲惨で、非人道的だと言われるが、ある意味ではもっとも人間性の高い出来事である。というのは、人間以外の動物は戦争をしないからだ。

しかし、対談相手の先生は「人間らしさ」は非常に崇高なものだと言う。たとえば自分が空腹であっても、近くに病気の子どもがいれば、その子どもに自分の食べものを分けて与える。これはナチスの収容所での話である。「それはもう本当に人間らしい行為です。人間には動物的なものの上に、そういう人間らしさというものがあるでしょう」。

ぼくが「先生、ネコはお好きですか」と聞くと、嫌いではないと言う。そこですこし意地悪く、「ネコはイヌと比べて、やはりネコだなと思うネコらしさがあるでしょう。ネコが丸くなって眠っているところを見るとネコらしいなと思うし、足元にすりよってきたり、膝《ひざ》の上にとびのったりするとネコだなあと思う。イヌとはなにかちがいます。あのネコのネコらしさというものは、ネコの動物的なものの中にあるのですか、上にあるのですか」と尋ねた。

その先生は、人間の動物的なものの上に人間らしさがあると言った。そこでぼくは、では、ネコのネコらしさはネコの動物的なものの上にあるのですか、中にあるのですかと聞いたのである。すると、どういうわけだかその先生は、「それはたいへん失礼な質問だ」とひどくお怒りになった。それがテレビで流れてしまったので、ぼくは今も気になっている。

人間は、「人間が動物だ」ということは概念的には認識している。しかしどうも、「人間は動物とはちがう、動物よりも一段上の存在だ」と思いたがっているようだ。「人間もしょせんは動物だ」と言うときに、なにか悲観的な空気がただようのはそのためである。だから「人間と動物はどこがちがうか」という変な問いかけをするのである。「ネコと動物はどこがちがうか」と聞く人はいないのに、「人間と動物はどこがちがうか」と聞くのはかまわない。非常に変な話である。

それをすこし進めて「人間はどこまで動物か」という表現も流行《はや》った。この言いかたの根底にあるのは、人間と動物は同じ線上にはいるが、人間は先のほうにおり、動物は途中までしか来ていないという認識である。これは、偏差値が何点であるかを決めるのと同じような感覚であり、国を先進国と途上国に分けるのと同じ論理であろう。途上国も、以前は後進国と言っていた。ところが、後進国と呼ばれた国々が、「失礼だ。われわれは後進ではない。今は途上にあるのだ」と反発したので、言いかたを変えたのである。後進では駄目だが、途上ならいいという感覚は、ぼくにはさっぱり理解できない。

すこし知的な人は、「でも、人間はとてもユニークです。頭がいいし、ことばを使うし」と言う。たしかに人間はユニークである。しかし、ユニークと言えばネコもユニークである。ネコはライオンやトラの仲間であるが、ライオンとネコを見まちがえることはない。それはネコがユニークだからである。ゾウやキリンやモグラがそれぞれにユニークな動物であるように、人間もやはりユニークな動物であるにすぎない。

たとえばゾウがいる。子どもたちはゾウが好きで動物園でも人気があるが、よく考えてみると、あれは変な動物である。息をするための鼻を、あんなに長くしてしまったのだ。鼻でえさをとろうとか、物を運ぼうとか、水を吸ってシャワーを浴びようとか、どうしてそんなことを考えたのだろうか。

鼻を長くすると、頭骨を大きくしなければならないから、頭が大きくなる。しかも人間のように丸い頭骨ではなく、縦に長い頭骨にしなければ長い鼻を支えきれない。頭を大きくするにつれて、体も大きくなる。重くなった体重を支えるために、どんどん足が太くなる。そうして、あんな巨大な動物ができてしまったのである。

そのように考えてみると、どの動物もみんなどこか変である。ヘビも変だ。ヘビはもともとは足が四つあったはずだ。それが、なぜかは知らないが、足をなくしてしまった。それであんなニョロニョロした生きものになってしまったのである。

われわれが「人間はどこまで動物か」と聞くのは「ヘビはどこまで動物か」と問いかけるのと同じぐらい意味のないことであろう。

われわれが今、問うてみるべきは、「人間とはいったいどういう動物か」ということなのである。ネコにせよ、ゾウにせよ、ヘビにせよ、動物はその種によっておのおのみな生きかたがちがう。それにしたがって体の構造もみなちがっている。では人間は、どのような動物であるのか。

二〇世紀という時代には、われわれ人間は動物よりもえらいと思いこんでいたようだ。それで、えらい人間には理性がある、知性があるなどと考え、いろいろなことをやったのであるが、二〇世紀の間に戦争はついになくならなかった。二一世紀になったその年の秋にはテロ事件が起こったのである。そのようなことを見ると、やはりこのへんで「人間とはいったいどういう動物なのか」ということをきちんと考えてみるべきであろう。

直立二足歩行

人間は、類人猿（ゴリラ、チンパンジー、オランウータン、テナガザル）の仲間である。類人猿は、サルの仲間であることはまちがいないが、ニホンザルやヒヒのようなサルとはかなり異なっていて、最大の特徴が尾がないことである。

サルを有尾類と無尾類に分けて、後者に属するのが類人猿である。人間も無尾類の動物で、チンパンジーと非常に近い。サルが有尾類と無尾類に分かれたのが一〇〇〇万年から二〇〇〇万年前と言われている。ゴリラやチンパンジーと人間の仲間（猿人）が分かれてせいぜい五〇〇万年しかたっていないから、われわれは有尾類とはすでに大きくかけ離れていることになる。

人間以外の哺乳《ほにゅう》類は、基本的にみな四つ足で歩いている。四本の足で体を支える。

頭は、四本の足を地面につけた状態で、前を向いている。内臓はぜんぶ背骨の下にぶらさがっている。これで非常に安定した形で生きているわけである。

ところが人間は立ってしまった。立って、二本の足で歩く。ここで非常に大事なことは、まっすぐ立っている状態で顔が前を向いていることである。イヌのような四つ足の動物は、背中が地面に平行になっている。そして、頭骨の後端に穴があって、背骨につながっている。頭の中には脳が収まっており、脳の後ろから脊髄《せきずい》が伸び、骨に沿って走っている。内臓はすべて背骨の下にぶらさがっている。後ろ足の骨は曲がっていて、これがクッションの役目を果たしている。このように四つ足で歩いている状態で、頭が前を向いている。もしこの動物が、思いきって立ったとしたら、どういうことが起きるだろうか。

後ろ足でまっすぐ立つ。そうすると、頭はどうしても上を向いてしまう。手はどうしたらよいかというと、どうしようもない。内臓は、まっすぐ立ってしまうとぶらさがりようがなく、すとんと落ちてきてしまう。これでは生きていけないので、なんとかしなくてはならない。

まず、いちばん困るのは、まっすぐ立つと顔が上を向いてしまうことだ。上を向い

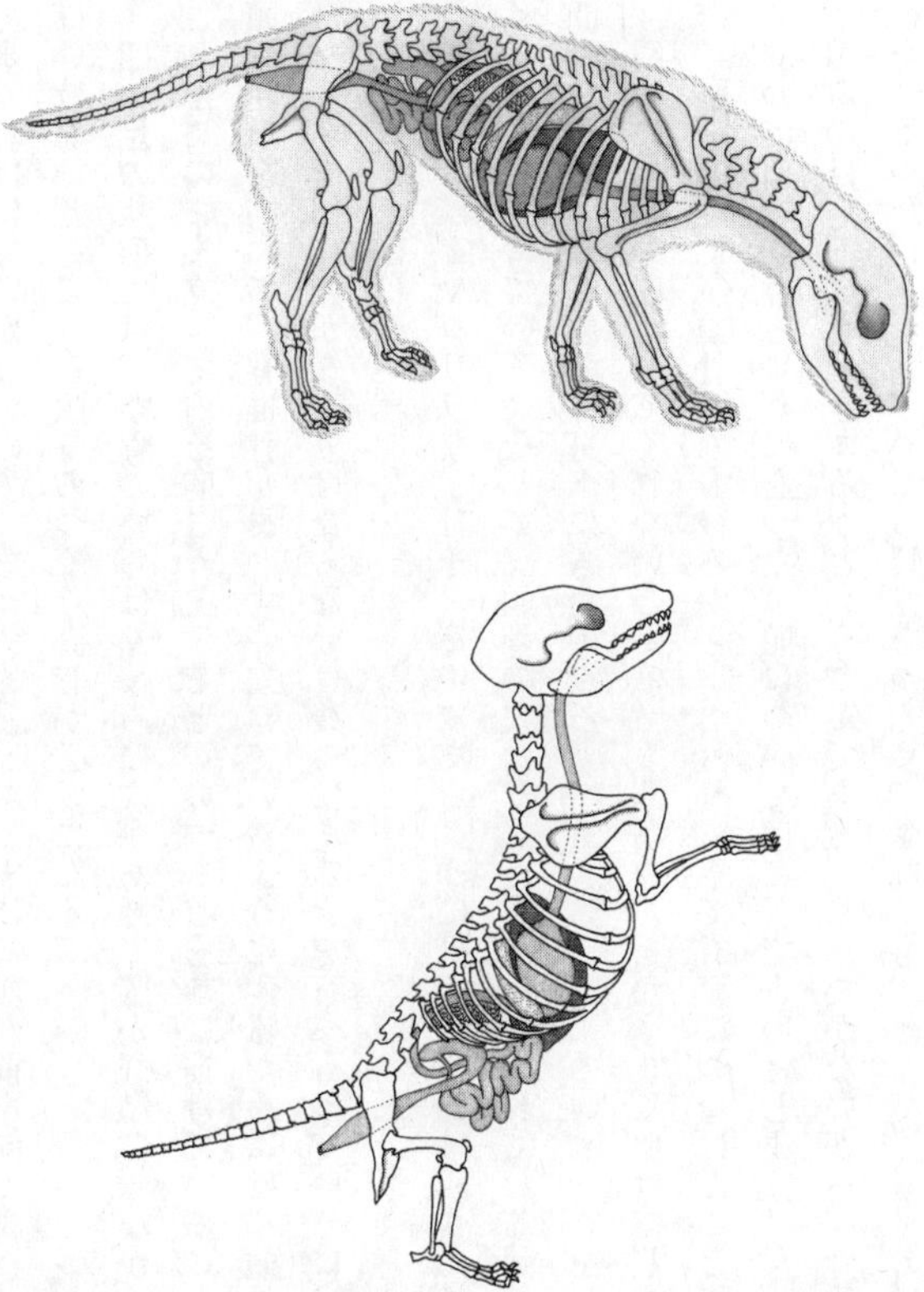

イヌの骨格と内臓。後ろ足がクッションの役割を果たしている

て歩くわけにもいかないので、まっすぐ立ったときに、顔が前を向くようにしなければいけない。そこで、頭骨のつくり直しが必要になる。

四つ足の状態では、頭骨のいちばん後ろに穴があり、脳が脊髄につながっている。これがこのまま立って前を向こうとすると、いつも首を前に曲げていることになる。頭骨が前を向いて、脊椎《せきつい》骨がまっすぐ立っているようにするためには、頭骨の後ろではなく、下側に穴がなくてはならない。後ろにある穴を下へもっていくには、頭骨をつくり直すほかはない。

チンパンジーやゴリラなどはその途中にあるように見える。体は四つんばいではなく、すこし立っている。そして、頭骨の穴はだんだん後ろにずれている。おそらく人間になって、穴が急激に真下にきたのだろう。

同時に、脳も曲がってくれないと困る。人間はなんとかうまく曲げてしまったようだ。脳を曲げて、頭骨の穴も後ろから下へもってきて脊髄につなげたことで、まっすぐ立って前を向けるようになった。頭についてはこれでよいとしよう。

困るのは、内臓をどうするかということである。しかたがないから、骨盤というものをつくった。しかし、いくら骨盤をつくって受けても、落ちてくるものは落ちてく

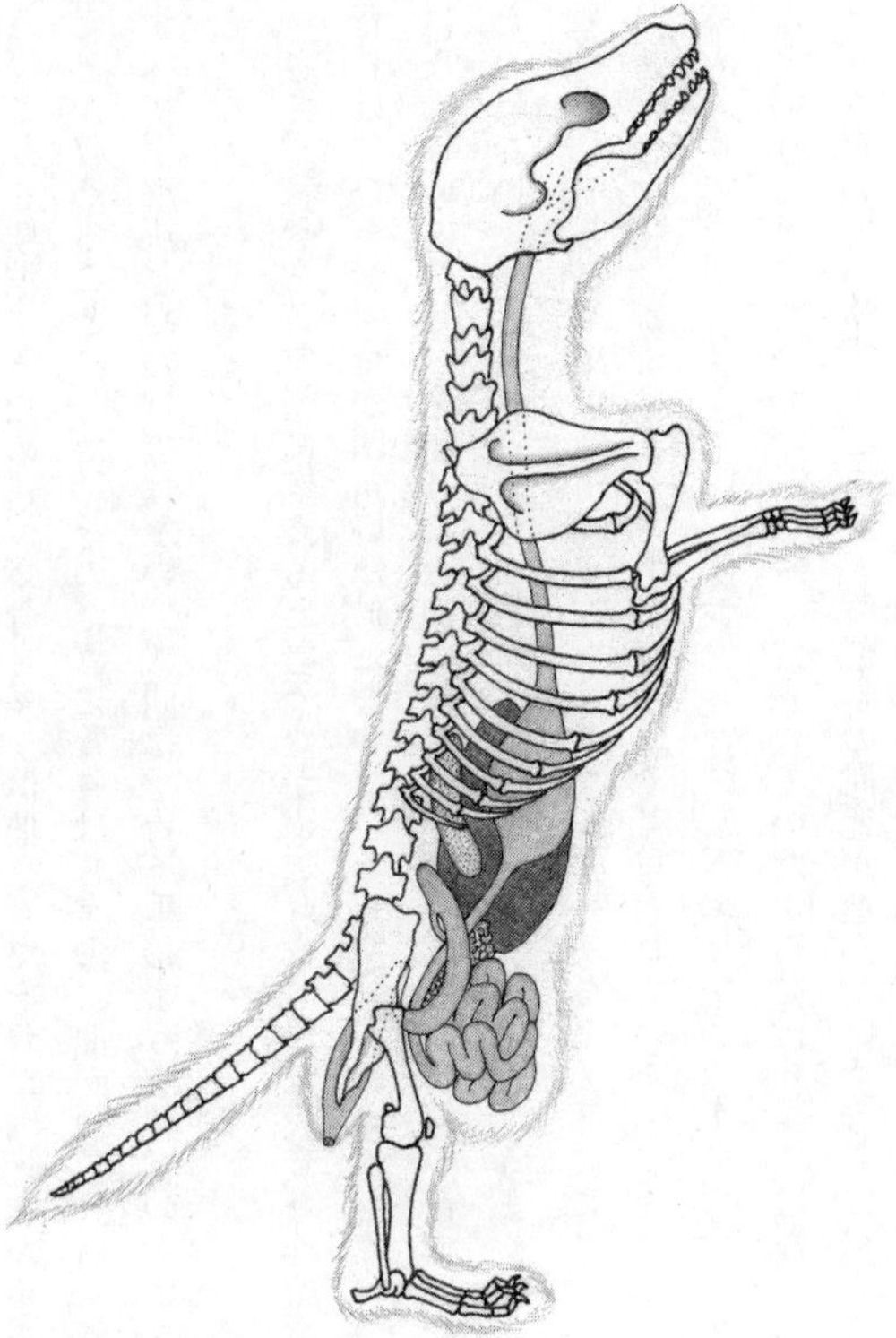

足を直立させて立つと、内臓が落ちてきてしまう

る。ひもでぶらさげても、垂直の棒にものをぶらさげたら、みんな下まで落ちてしまう。これを解消するために、背骨を多少湾曲させてそれに内臓をぶらさげ、骨盤でなんとか収めることにした。そのために背骨はS字型に曲がっている。もちろんこれですべてが解決したわけではない。人間は、胃下垂のような特有のトラブルを抱えることになったのである。

さて、背骨をS字型に変えると言ったが、これもじつは大変な作業である。動物の背骨は、ひとつずつが四角い矩形《くけい》になっている。それがいくつもくっついてまっすぐになっている。背中を曲げるためには、背骨のひとつひとつが台形になってくれないといけない。すべての背骨をすこしずつ台形にしていくと、うまくつながってS字型になり、内臓を吊《つ》ることができて、立っていても安定した形になる。

昔は、大腿骨《だいたいこつ》がまっすぐであれば立てると思われていた。ジャワで発見された直立猿人（ピテカントロプス・エレクトゥス）は、大腿骨がまっすぐだったから直立していたということになった。そして、直立していたからにはサルではない、人間に近い、とされたのである。ところが、解剖学の研究が進んでいくうちに、それほどかんたんな話ではないことがわかってきた。まっすぐ立つためには、頭骨からつくり変えなく

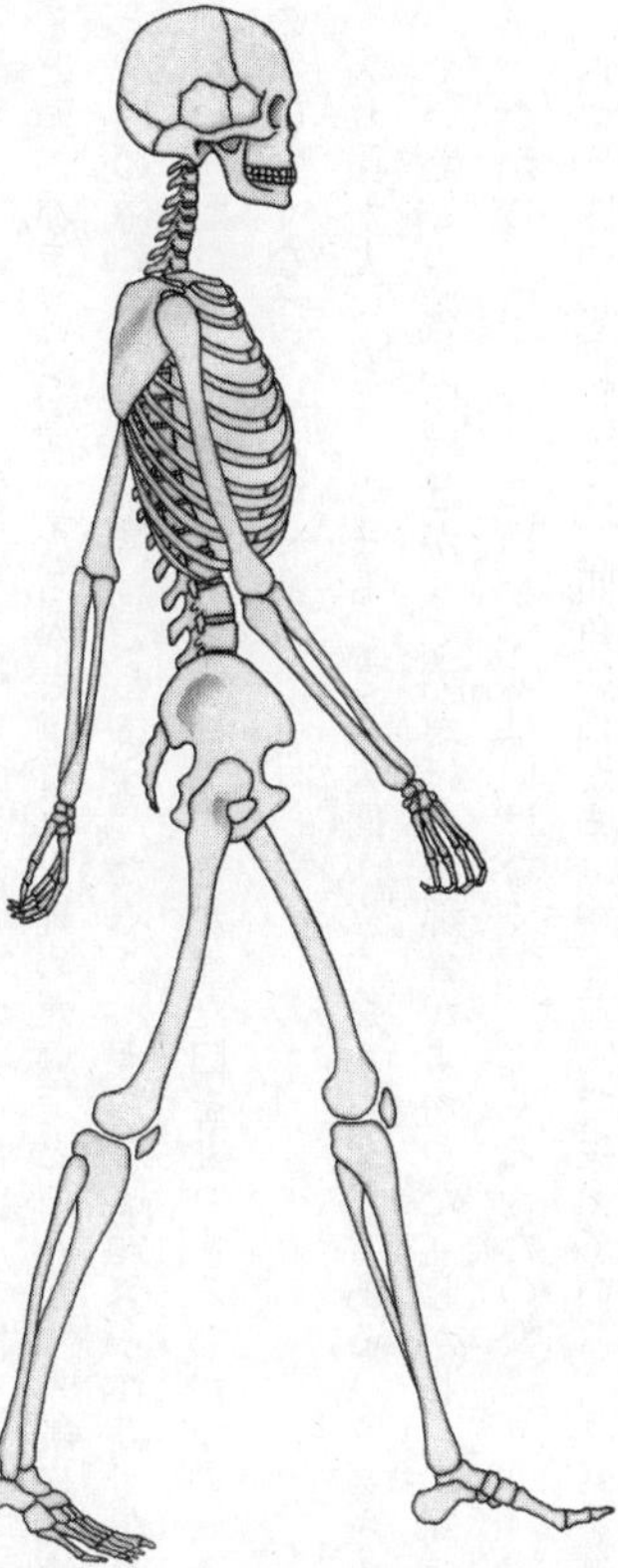

人間は骨盤をつくり、背骨を湾曲させた

てはいけない、脳も曲げなくてはいけない、背骨の形も変えなくてはいけないとなってくると、体全体の大改造である。

まだある。人間以外の哺乳類は口がとがっていて、食物が食べやすい形になっている。しかし、二本足で立つようになった人間の場合、口がとがって前につきだしていると頭のバランスが悪くなるから、これを縮めたい。ところが、単純に縮めてしまうと、口の中に入る容積が減ってしまう。たくさんきちんと食べられて、なおかつ口が前につきださないようにするためには、とがった口を丸くするしかない。それで人間の顎《あご》は丸くなっているのである。

入れ歯が丸いのは、つまるところ人間が立ったからなのである。タヌキのように歩いていたときは、口はとがっていたほうが都合がよかった。しかし、人間は立ってしまったから、口をひっこめなくてはいけなくて、丸くなったのだ。

ふつう四つ足動物では、四角い歯がまっすぐ並んで生えている。これを無理して曲げると、歯と歯の間に隙間《すきま》ができて、しょっちゅう虫歯になる。それでは困る。だから、曲がった状態で歯をつなげるために、一個一個の歯の形も変えてしまった。

顔の形の変化にともなって、目が前を向くようになった。そこで、両眼視が可能に

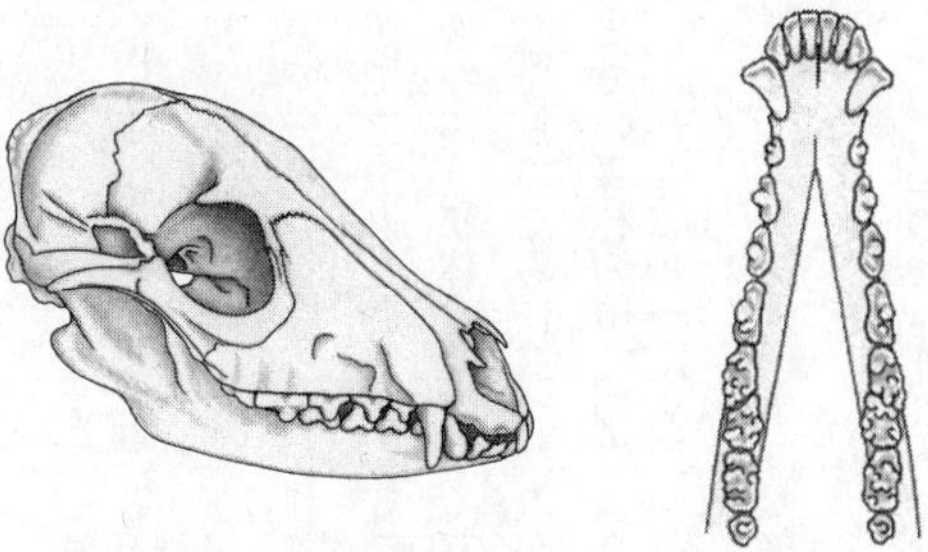

タヌキの頭骨と歯列

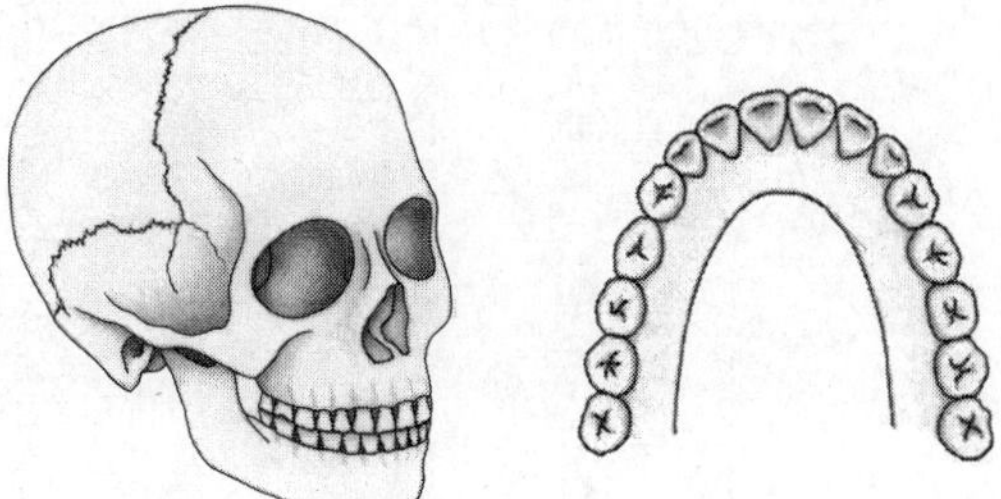

人の頭骨と歯列

なり、ものを立体的に見られるようになった。距離も測れるし、細かいものを立体的に見ることもできる。そこから人間は劇的な変化をとげるようになる。

いちどここまできてしまうと、もうもとへは戻れない。

人間が四つんばいで長い時間歩くのは、とても大変である。四つんばいになると、どうしても顔は下を向く。前を見るときは頭を上げるので、首が痛くなる。四つんばいで一キロ歩けと言われても、とても歩けない。イヌは長時間、平気で歩くが、二本足で立つときわめて不安定で、体がふらつき、すぐに倒れてしまう。人間は、じつに変なふうに体全体をつくりかえて、立っているのである。

なんのために立ったのかは、よくわからない。人間は、おそらくアフリカで、それまでの森林の中での生活をやめて、草原に出た。草原では草がぼうぼう生い茂っているから、四つんばいでいると草の中にもぐってしまう。立つと上のほうまで見通せるからだろうと言われているが、本当かどうかはわからない。

毛のないけもの

人間は赤ん坊を産んでお乳で育てる哺乳類である。哺乳類は「けもの」と言うが、これは体に毛が生えているという意味である。人間はまっすぐ立って歩いていても「けもの」なのである。ドイツの学者が人間の体毛を一本一本勘定して、ゴリラやチンパンジーよりうぶ毛の数が多いことを明らかにしたが、濃い体毛は生えていない。これは、「看板に偽りあり」と言うほかはない。水の中にいるクジラやイルカは毛がないが、陸上にいるほかの動物はみんな濃い体毛が生えており、この点でも人間はじつに奇妙な存在である。

なぜこうなったのかを考えた人は多い。

まず考えられたのは、人間の祖先も、クジラやイルカのような水生哺乳類だったのではないか、という説である。水の中では、毛があると抵抗が増して泳ぐのに邪魔だったから落としてしまったというのである。しかし残念ながら、どんなに化石を掘り出してみても、人間が水生動物であった証拠は出てきていない。

一説として、類人猿から人間になるとき、ノミやシラミにたかられてかゆくて困ったから毛を落としたのではないかというのがある。ところがこれも、調べてみるとまったく見当ちがいであることがわかってきた。

チンパンジーやゴリラは人間に非常に近い動物であるが、ノミもシラミもいない。人間にはヒトノミ、ヒトジラミという、人間だけにつく種類のノミとシラミが進化しているが、チンパンジーノミ、チンパンジージラミ、ゴリラノミなどは存在しない。ゴリラやチンパンジーにはそもそもノミもシラミもいないのだ。ノミやシラミは人間になってからついたものである。ノミやシラミが毛を落とした原因でないのはたしかだろう。

イギリスの動物学者デズモンド・モリスは、人間に体毛のない理由として、次のようなことを言っている。

ゴリラやチンパンジーは基本的に草食動物であるから、食物が豊富で安全、なおかつ住み心地のよいアフリカの森林にいる。人間もアフリカで生まれた。はじめはゴリラやチンパンジーと同じように、森林で、森の木の実や果物、やわらかい草の芽などを食べて生きていた。その人間が、なぜだかわからないが、ゴリラやチンパンジーと別れ、森から離れて草原に出てしまった。そこで遠くを見るために、直立二足歩行を始めた。

森林には、果物もあれば、木のかげにはやわらかいタケノコや草の芽などもあり、食物にはこと欠かない。一方、アフリカの草原は日射しが強く、植物もトゲだらけで、やわらかいタケノコなどは生えないから、食べるものがない。そこで人間は、まわりの動物を狩って食べる以外になかったのではないか。

狩りでは動物を追いかけていかなければならない。そのうちに、何人かのグループで追いかけたり、罠《わな》をしかけたりするようになったが、最初はやはり走って追いかけたことだろう。そのときには体が過熱する。太陽が強く照っていて、暑いところで走るからだ。

もともと走ることにすぐれている動物は、体が過熱しないためのしくみをもっている。たとえばイヌは、運動したあとは舌を垂らしてハアハアとあえぐ。あの動作で、舌のところに来る血液を冷やし、冷やされた血液が脳に行く血管を通るようになっている。体が熱くなっても、血液はそれほど温まらないようになっているのである。だからイヌは熱射病で倒れることはない。ところが、人間のような類人猿の仲間は、もともと走る動物ではないので、暑いところで走ると熱射病になってしまう。それを避けるいちばんかんたんな方法として、毛を少なくして、ほとんど裸になってしまったのではないか。

これがデズモンド・モリスの説である。

ただし、この説には異論もある。エレン・モーガンという女の動物学者が指摘しているのはこういうことだ。

昔、人間が狩りをしたときには、人間の女は狩りには加わらなかった。子どもを育てるのに手がかかるため、女は子育てをしていた。だとしたら、女はもともとのけもののように、体じゅうにふさふさ毛が生えていてもよいのではないか。

ところが、現実に男と女を比べたときに、体毛がより少ないのは女である。その説明ができないではないか、と言うのである。そのへんはまだうやむやになったままであるが、いちおうはデズモンド・モリスの言うように、狩りをするときに体が過熱するのを避けるために毛を落としたのではないかとされている。

しかし、そうすると、不思議なことがある。それは頭に髪の毛が残っていることである。これはなんなのだろうか。よく言われるのはこういうことだ。人間はまっすぐ立ったために、太陽の光が頭にあたることになった。体の上にはいちばん大事な脳があって、そこは守らなければいけない。そのため頭に毛が残ったというのである。

それはそうかもしれないが、やはり変なのは、その髪の毛が、いくらでも長く伸ばせることである。ほかの動物の体毛は、一定の長さになると抜け落ちてしまい、それ以上長くなることはない。ところが人間の髪は、背丈と同じくらい、あるいはそれ以上にも伸ばすことができる。これは非常に不思議なことである。なぜかはわからない。人間を裸にしてみると、不思議なことがたくさんある。ゴリラやチンパンジーは性器の周辺には毛がない。しかし、人間は性器のまわりに毛が生えている。これは「そこに性器がある」という信号なのだろうということになっている。人間の男性がヘアヌードに興味をもつのはそのためである。

おっぱいの形

人間も哺乳類の仲間であるから、赤ん坊を産んで、乳で育てる。おっぱいは、赤ん坊に乳を与えるための、まさに授乳の器官である。ところが、人間の女のおっぱいは美しいものだということになっている。これはなんなのだろう。

じつは、ほかの動物のおっぱいはみんな細長い形をしている。ウシを見ればわかるが、全体が細長くて、乳首が長くて、子どもが楽に吸える。ところがなぜか人間のおっぱいは非常に丸く、乳首が短い。乳首が短いから、赤ん坊が吸いつくのは大変である。顔を押しつけると、鼻がおっぱいにくっついて苦しくなる。はじめて赤ん坊に母乳を与えようとするとき、とにかくなんとかしてくっつけようと一生懸命になると、赤ん坊の鼻が押さえつけられて泣くことになる。それで年長の女性や看護師さんに、どうしたらうまくいくか教わることになる。そういうことをしなくてはならないほど人間のおっぱいは変な形で、母乳を与える器官としては具合が悪くなってしまっている。

奇妙なのは、本来おっぱいは赤ん坊が生まれてから役に立つ器官であるにもかかわらず、人間の場合は、赤ん坊ができる前の段階で、男が女のおっぱいに非常に関心を示すことだ。見たい、さわりたいという気持ちが起きる。

どうして人間のおっぱいはこういう形になってしまったのだろうか。哺乳のために具合が悪いだけでなく、一段階前の性的な意味で、男に対して非常に強い信号になっている。これもじつは人間が直立したことと関係があるのだと、デズモンド・モリスは言っている。

それはこういうことである。

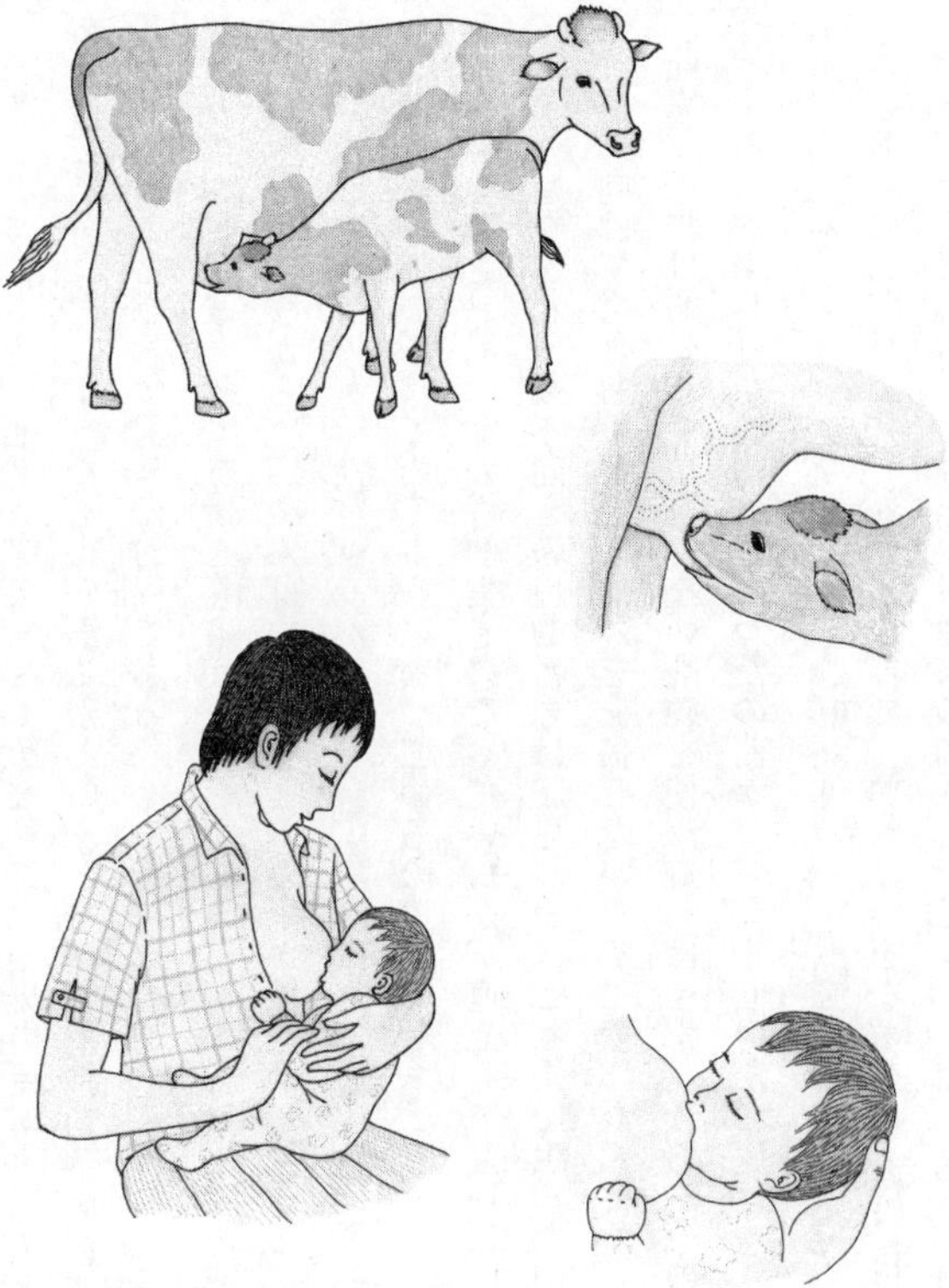

人間のおっぱいは、他の哺乳類に比べると丸くなっている

女性にしてみると、自分が若くていい女であることを相手に示したい。女という信号として自分にどのようなものがあるかというと、類人猿のメスが自分がすぐれたメスだということを示す信号はお尻《しり》である。

「サルのお尻はまっ赤っ赤」と言うが、赤い尻はメスであることをあらわしている。その信号を出しながら、四つんばいで歩くと、お尻が後ろから見える。オスも四つんばいで歩いているから、前にメスのお尻が見える。そのお尻を見て、「あ、いいメスだ」と思って追いかけていくようになっているのである。

人間の場合もお尻は女の性的信号になっているが、直立して互いに向きあって話をするようになると、後ろ向きの性的信号は、思ったほど効果を生まない。これでは困る。前に向けてもきちんと性的信号を発信したい。そこで、なんとかしようと考えた。

元来、生物はあまり突拍子もないものを使ったりはせず、今あるものをうまく使おうとする。本来お尻が性的信号だったのだから、前を向いたお尻はつくれないか。なにかそれに使えるものはないかというと、おっぱいがあるではないか。「よし、おっぱいをお尻にしてしまえ」ということで、おっぱいをなるべくお尻に近いものに変えてしまったのである。お尻だから従来の細長い形ではダメだ。それでおっぱいをだんだん丸くしていき、今のような形ができてきた。それが人間にとっては非常に美しいものになり、大事な意味をもつようになったのである。

こういうことは、自然界ではけっして珍しいことではない。擬態と言えば、ガがハチを擬態するというように、自分がほかのものを真似《まね》ることとして知られているが、「自己擬態」と言って、自分自身の体の一部で体のほかの部分を擬態することもある。もっとも有名なのがゲラダヒヒであろう。ゲラダヒヒのメスには、胸に性器のような模様がある。ゲラダヒヒはいつも座っているから、胸の色を性器のようにしてオスをひきつけることにしたのである。

また、マンドリルのオスの顔は性器をあらわしているとよく言われる。オスのペニスは赤くて大きく、オス同士は互いにペニスを誇示しあう。ところがマンドリルも通常は座っているので、ペニスは隠れてしまう。そこで、顔にペニスをつくったのである。顔の両側はちょうど陰嚢《いんのう》のように見える。

マンドリルのオスは、ほかのオスがやってくると、顔(擬態のペニス)を誇示して追い払う。人間の場合、おっぱいは自己擬態によって二重の意味をもつことになった。ひとつは本来の哺乳器官としての役割、もうひとつは性的信号としての機能をもつという、複雑なことが起こってきた。もし、ゴリラやチンパンジーのように全身が毛におおわれた動物であれば、効果は半減しただろう。人間は毛を落としてしまっていたから、お尻の擬態であるおっぱいが、性的信号として機能したと言える。

オスの戦略・メスの戦略

デズモンド・モリスは、おっぱいはお尻の擬態であると考えた。それは、オスをひきつけるためであった、と彼は言う。

動物はみなそうだが、人間も男は必ず女のところに寄っていく。そして、女の美しさをほめる。これに対して、フェミニズムの人は「女を鑑賞の対象にするのはけしからん」と言って怒る。しかし、男が女に近よっていくのには動物行動学的に深い意味があるのだ。

男が女をどのように見るかとは別に、女は男が集まってきてくれると、その中からいい男を選べるのである。男のほうは、女が美しく着飾るのは自分のためだと思っているが、それは大まちがいで、女はそうして男を呼んで、その中からいい男を選ぶということが本当の目的、戦略なのである。

たとえばパーティーになると、男はわけもなく女のところに集まっていく。そして、「ビールをおつぎしましょう」とか「私はどこそこから来ました」などと、どうでもいい話をする。

これはなにをしているかというと、どうしても魅力があるから、つい女のところに行きたくなるのである。女は、男が来てくれたときに、内心どう思っていても、顔には出さずに適当につきあっておく。そして、どれがいい男かを観察する。最終的に、なるべく丈夫で頭のよさそうな男を選んで、その男との間に子どもをつくるのである。それはどんな動物もやっていることだ。

動物はだれも自分の種族を残したいなどとは考えていない。自分の血のつながった子孫をなるべくたくさん残したいと考えているだけだ。オスもメスも、その点では同じである。けれど、両者の立場は基本的に異なっている。

オスは自分では子どもを産めないので、オスの基本戦略は、できるだけたくさんのメスに自分の子どもを産ませるように努力することである。そこでオスは、できるだけたくさんのメスに迫ることになる。メスの場合、いちどに産める子どもの数はかぎられているから、その戦略は、寄ってきたオスの中から、できるだけ丈夫で頭のいいオスを選ぶことである。選ぶのはつねにメスであって、オスは、メスに選ばれるためにいろいろと苦労することになる。フィーメイル・チョイス（メスによる選択）は、すべての動物に見られる行為である。

たとえば、春になると田んぼでカエルが鳴いている。あれをみんな「のどかなカエルのコーラス」などと言っているが、鳴いているオスのカエルにしてみると、のどかどころの話ではない。

カエルの場合もメスがオスを選ぶ。カエルは五年ぐらい生きるから、前の年にカエルになったばかりの若いカエルもいれば、もう五年ほど生きて、体も丈夫で、いろんな危険も逃れてきた、カエルとしては頭のいいオスもいる。メスにしてみると、そういうオスを選びたいが、どういうオスが丈夫で頭がいいのか、一見しただけではわからない。そこで、鳴き声で判定することになる。

若いカエルは、かん高い声で鳴く。四〜五年も生きてきたオスは、もっとしっかりした声で鳴く。メスはしっかりした声で鳴くオスのところに行く。前年カエルになったばかりの若いオスは、丈夫で頭がよいかどうかまだわからないからだ。オスたちは一生懸命鳴いて、メスに聞かせ、それで選んでもらうのである。

日本のカエルはまだいい。鳴き声でカエルのところに寄ってくる捕食者はいない。アメリカには、カエル食いコウモリという、カエルを専門にねらうコウモリがいる。コウモリはほとんど目が見えないので、カエルの声でいる場所を判定し、そこへ飛んできて食べてしまう。オスのカエルはメスに選ばれるために一生懸命鳴かなければならないが、あまり鳴いているとコウモリに食べられてしまう。それが怖いからと黙っていると、メスに選ばれない。アメリカのカエルもなかなか大変である。

さて、カエルは一生懸命鳴いてメスを呼ぼうとするが、若いオスの中には、自分はまだ若いからいくら鳴いてもメスには選ばれないことがわかってしまう者も出てくる。そういうカエルはもう鳴くのをやめて、しっかり鳴いているオスを探す。そして、立派なオスを見つけると、そっとそのオスの後ろに行って、黙ってじっと座っている。しばらくすると、若いオスが思ったとおり、メスが来る。そこで、鳴いているオスが気づかないうちに、若いオスが鳴き声にひかれてやってきたメスの背中にとびのって、とってしまうのである。それでみごとに子孫を残す。そういう変なオスも出てくる。

動物の世界では、メスは選ぶ一方で、オスは選ばれる一方である。しかしそこではだましたり、嘘《うそ》をついたりといったことが頻繁に起こっている。「自然は嘘をつかない」という言いかたが流行ったことがあるが、これは大きな嘘である。人間のやっていることは、自然の中にすべてあると思っていい。不倫や援助交際が小鳥などでよく知られた行為であることを考えれば、むしろ、動物たちがやっていることを人間もやっているにすぎない。

人間は一夫一妻

ところが、人間の場合にはまた、あまりほかの動物にはない（まったくないわけではないが）一夫一妻という形をとっている。これもなぜかはよくわからないが、人間は子どもが育つのに非常に時間がかかる動物だからではないかと言われている。チンパンジーもわりと長くて一〇年ぐらいかかるが、もっと小さいサルであれば二年、ネコなどは一年足らずでおとなになる。ところが人間は二〇年かかる。

損か得かはわからないが、とにかくそうなっている。すると、それにしたがって全体のしくみが変わる。つまり、子育てに二〇年かかるとなると、親が両方そろっていたほうが楽だろうということで、一夫一妻の形をとるようになったらしい。そうなると、ほかの動物とは話が変わってくる。

メスがオスを選ぶのはほかの動物と同じで、人間でも必ず女が男を選んでいる。ところが、それはほかの動物もそうだが、一夫一妻の動物では、メスがオスを選ぶだけでなく、オスもメスを選ぶのである。人間の場合は、とくに男がずっと社会的権力をもってきたから、話が非常にややこしくなる。

メスができるだけ丈夫ないいオスを選ぼうとするとき、多くの動物では、とにかくきれいなオスを選ぶ。きれいなオスは体が丈夫なはずで、丈夫なオスとつながっておけば、自分の子どもも丈夫になる。そうすればたくさん子どもを残すだろう。だから、メスに選ばれるために、動物のオスはきれいに着飾っている。

人間の女が男らしい感じの男を選ぶのは、やはり丈夫だからだろう。女は、顔は二の次にして、もうすこし別のところを見る。子どもを長時間かけて育てる動物の場合、メスが選ぶのは、自分が子どもを育てるときになんらかの意味で助けになってくれるオスとなる。そういうことも含めて、人間の女は男を選んでいる。

男は、子どもを産んでもらえばいい。ただし、子どもは丈夫であってほしい。そのためには丈夫な女のほうがいいに決まっているわけで、どことなくぱっとしない女は、どこか体が弱いのかもしれない。ぱっと輝くようにきれいで、人目をひく女を選びたい。そこで人間の場合は、男ではなく、女のほうが着飾ることになる。

では、どのように着飾るのか。

着飾るのがオスであれ、メスであれ、基本的に望んでいることは一緒だ。異性の関心をひいて、異性に選ばれたいのである。

たとえばクジャクのオスは、みな似たような姿・形をしている。もしオスがてんでんばらばらな格好をしていて、まっ黒いクジャクや全身が金色のクジャクなどがいたら、メスはなにを基準に選んでいいかわからなくなるだろう。そしてまず大事なことは、ほかの鳥ではなくクジャクという集団に属していることを知らせることである。

人間の場合も同じことで、たとえば女の人がいかにきれいでも、なんとなく得体が知れなければ、選ばれる確率は減るだろう。ＯＬであるとか、学生であるとか、ある集団に属していることを見せなければいけない。

もうすこし進めば、やはり最新の流行のものを目ざとく手に入れて、それを着こなせるおしゃれ心のある集団に属しています、ということを見せたい。そのためには、今年の流行は着なくてはいけないのだ。

そこで、同じようなファッションに身をつつんだ女がたくさん町を歩いていることになる。けれどその中に埋もれてしまっては意味がない。いちだんと抜いていなくてはならないのだ。それはクジャクの場合と同じで、クジャクもみんな同じような格好をしているが、すこし尾が長いとか、模様の数が多いとか、どこかで目立つようにしている。メスは目ざとくそれを選ぶのである。

人間の場合も、ただ今年の流行を着ていればいいというものでもない。その中できらりと光っていたい。しかも、同性に対しては攻撃的でなければいけない。同性に勝っていないと気持ちのゆとりもなくなるだろう。攻撃性は、ファッションの中で重要な要素である。

しかし一方で、同性に対してあまりに攻撃的すぎると、同性からうとまれる。へたをすると、異性にも近づきにくくなる。それは損なので、必要以上に同性の攻撃性をかき立てたくはない。魚などでは、立派なオスになっているにもかかわらず、メスの姿をしたままで、さりげなくオスとメスのペアに近づいていくものが出てくる。そのオスは、近づいてくるのがメスだと思っているから、うれしいだけである。メスのほうは、自分より小さなメスが来てもたいしたことないと思っている。だから、そばについてきても放っておく。

そこでメスが卵を産んだときに、メスのふりをしたオスの個体がやってきて、自分の精子を卵にかけて自分の子孫にしてしまうのである。ぼくはそれをコム・デ・ギャルソン戦略と呼んでいる。

コム・デ・ギャルソンの服は、あまり女らしさを強調しないので、同性の攻撃性をかき立てない。男にしても、女が寄ってくるといいこともあるが、いろいろとトラブルも起きる。トラブルを起こさないような女がそばにきて、あるところでぱっと本来の女を見せるというやりかたがあるのではないか。魚とコム・デ・ギャルソンは非常によく似た戦略に思えるのである。

少子化の論理

自分の子孫をできるだけたくさん残すことを、個体の適応度の増大と言う。どの動物でも、それぞれの個体はみな、自分の適応度の増大を願っている。この生物学の大原則から見ると、昨今の「少子化」というのは変な現象に思える。

しかも、これは人間という動物が大昔からとってきたやりかたなのではなく、つい最近はじまった現象である。日本でも昔は子どもをたくさん産んだものである。それが最近になって、急に少子化へ向かった。

いろいろな人から、これは人類の人口を調節するためのひとつのしくみではないですか？　という質問を受ける。そんなことはない。動物行動学の見方からすれば、「人類」すなわち「種」を維持するためのしくみなどというものは、存在していないはずなのだ。かつての考えかたからするならばいざ知らず、今日の考えかたではそのようなしくみを引き合いに出すのは妥当ではない。では、どう考えればよいか。

個体の適応度増大こそが目標であって、そのためにはどれほど利己的にふるまってもよい、ということを原則とする生物界の実態について、いつも大きく見のがされていることがある。それは「コスト・ベネフィット」計算のことだ。コストとは言うまでもなく経費のことである。ベネフィットは利益。ここで言う利益とは、とりもなおさず適応度の増大である。

ある個体が自分の適応度増大というベネフィットを得ようとすれば、当然コストがかかる。ベネフィットは得たいし、得なければいけないが、そのためにかかるコストがもしもベネフィットを上まわったらどうするか？

企業であれば、当然その場合にはベネフィットをあきらめる。そもそも、コストがベネフィットを上まわったら、それはもうベネフィットではない。場合によっては、当面はコストばかりがかかってベネフィットはないとしても、いずれそれがもっと大きな、つまりかけたコストを上まわるベネフィットにつながる、という判断もありうる。そのときに企業は、目先のベネフィットを捨て、さらにコストをかけて、将来のベネフィットによってコストを回収しようとする。

現代の動物行動学の基本には、経営学の考えかたがある。かつてのローレンツ流動物行動学にはなかったことだ。動物たちがある行動をするか、しないかは、このようなコスト・ベネフィット計算の上に立って決まっているらしいのである。このことを考えに入れないで、動物たちは適応度増大だけを望み、そのようにふるまっていると思っていると、動物たちの行動は理解できない。人間の行動についてもまったく同じことである。

動物たちがどのような具合にコスト・ベネフィット計算をやっているのか、これまではほとんどわかっていない。どのような情報を用いて彼らがする、しないという意思決定をしているのかは、「動物におけるデシジョン・メーキング」という現代動物行動学の大きなテーマのひとつである。いずれにせよ、「少子化」という現象を考えるにあたっては、コスト・ベネフィット計算という観点に立って考えてみるのが妥当だろう。

近年、少子化が起こってきて「憂慮」されているのは、すべていわゆる「先進国」である。そうでないいわゆる「第三世界」の国々では、子どもの数はふえているか、少なくとも減ってはいない。

これらの国々では、子どもは「財産」であり、その親を含めた一家の労働力であり、その一家の経済力を高めるのに大きく役立っているからである。農業、牧畜を主たる産業とするこれらの国々で、その一家が生産をあげ、収入をふやすとすれば、どうしても多くの子どもが必要になる。しかも、早く役に立つよう、子どもは早く産まなくてはならない。

きわめて強引に、ひとりっ子政策をとった中国では、このような点で大きな問題が出てきていると聞く。要するに、子どもの数を減らせ、子どもはひとりだけにせよ、ということは、個人にとってみれば「貧乏せよ」ということなのだ。

以前から人口削減のために家族計画を推奨し、コンドームを無料で配ったり、禁欲を説いたりする、善意の「人類の平和」主張者が啓蒙《けいもう》活動に献身したりしているインドやアフリカ諸国で、そのような努力がまったく実を結ばないのは、要するに子どもが一家の経済力増大をもたらす労働力であるからである。そのようなところで子どもの数を減らせということは、その人々に「貧乏せよ」ということと等しく、したがってなんのインセンティブにもならない。だから第三世界では次々と子どもが生まれ、人口が増大していく。

いわゆる先進諸国では事情がまったくちがう。子どもには高等教育を保証せねばならず、さもないと嫁の来手もなく、女の子だったら嫁入り先もなく、したがって孫のできる可能性もなくなるほどである。これは親個人にとってみれば、自分の適応度増大にかかわる問題である。

子どもには高等教育を受けさせねばならない。しかしそれには莫大《ばくだい》な経費がかかる。子どもが労働力になるのは、その先であって、しかもそのときに子どもが親を含めて一家にベネフィットをもたらすかどうかはわからない。

コスト・ベネフィットを計算してみれば、子どもは一家にベネフィットをもたらす存在ではなく、もっぱらコストばかりかかるものなのである。そのような状況のもとでは、子どもをたくさんもつことは、貧乏ないし生活の質の低下にしかならない。これは第三世界とはまったく逆のことである。そしてこのような状況になる先進国において少子化現象が起こっている。つまり、人間もほかの動物とまったく同じく、コスト・ベネフィット計算をしているのだ。

動物たちはこの計算の上に立って（それをどのようにやっているのかは、前述のとおり、ほとんどわかっていないが）、手に入れるメスやオスの数を決めたり、子どもの数を調整したりしている。必要とあらば、わが子を間引く親もいる。人間と、人間以外の動物と、やっていることはそれほど異なっているわけではないのだ。

しかし、人間の場合、もうひとつやっかいなことがある。それはすこし短絡的に言えば、「ミーム」の問題だ。

遺伝子とミームの相克

「ミーム（meme）」とは、「利己的遺伝子」説をとなえるリチャード・ドーキンスの造語である。要するに「遺伝子（gene）」ではなくて、その人の「名」「存在」「業績」「生きかた」「生きがい」のようなものである。人間は、自分の遺伝子だけでなく、この自分のミームもできるだけ後代に残したがっている、とドーキンスは言う。場合によっては、遺伝子は残さなくてもよいから、ミームは残したい、とさえ思う人もいる。結婚もしない、子どももつくらない、だけど自分のライフワークだけは残したい、というような人だ。

さもなくば、自分のワークも残らなくてもよい、でも、自分のこのライフ・スタイルは変えたくない。それが後世に残る必要もない、でもこれが私だ！　というような感覚。

こんなものはおそらくほかの動物にはない。けれど、われわれ人間を左右しているのはこういう感覚ではないだろうか？

この感覚が人間に遺伝的に備わったものであるかどうか、どうもよくわからない。なぜなら、ミームは遺伝子ではなく、自分の遺伝子は残さなくてもよい（あるいは、残らなくてもよい）からミームは残したいという願望は、遺伝子の「願望」とは相反するものだからだ。けれど、このような願望が人間の行動に大きく影響していることは、たしかなようである。

結婚して子ども（つまり自分の遺伝子）を残すより、おもしろい仕事をして、仕事という私のミームを残したいという女は、えてして結婚しないことになる。また、結婚しても、子どもを産んでその育児に追われるより、夫と二人でもっと優雅な生活をしたい、そのほうがよっぽど私らしい、という選択もある。こういう選択はその本人がすることだから、はたからとやかく言うべきものではない。

けれど一方では、女として子どもを産みたいという願望もある。これは「遺伝子の願望」である。仕事を捨ててこの願望にしたがう人もいれば、そんな願望に負けず、仕事に専念することこそ人間らしいことだと思う人もいる。

このような遺伝子とミームの相克が起こるのは、きわめて多くの場合、不幸なことに女においてである。男がこの相克に悩むことは、よほどの非常事態か宗教的な場合でなければほとんどない。女の差別的状況は、まずここから発している。

こういう考えかたに立つと、女が自分の生きかたを選択して、子どもを産まないことにしたことを責めるのはまちがっている。女が遺伝子の願望にしたがって自分の好きな男とのセックスを喜びながら、男に避妊を要求するのは、べつにおかしいことではない。しかし、キリスト教はそれをよからぬこととした。これにしたがうと、女は子どもを産む機械になってしまう。

問題は、ミームが人間の遺伝的なものに組みこまれているのかどうかである。ミームなるものは、遺伝子とは対立するものとして定義されている。しかし、そのようなものは、動物界の中では人間にしかない。だとすると、ミームというものも、人間の遺伝的なものの中に組みこまれているのではないか？

このように考えてくると、よくわからなくなってくる。女が男を好きになって子どもをつくるのも「遺伝」なら、女が男を好きになっても子どもをつくらないのもまた遺伝だということになるからである。いずれにせよ、こういうことは、女と男の「個人」の問題である。国が自国の人口のことを考えてとやかく言うべきことではない。

かつてフランスの人口学者ガストン・ブートゥールが言ったとおり、人口の増大、とくに若年層の人口の増大は、その国が戦争をするのに都合のよい状況をつくりだす。ある程度の人口の増大は、その国の経済の維持・発展にも必要である。もちろん、ただ数としての人口だけでなく、人口構成も問題である。老人ばかりがたくさんいても、国は立ちゆかない。そこで国としては、自国の人口問題に関心をもたざるを得ない。今、日本をはじめいわゆる先進諸国で「少子化」の問題が真剣に議論されているのはそのためだ。

けれど、少子化はあくまで個人の問題である。そして、少子化が起こっているのは、育児と子どもの教育に金がかかる、そして快適な生活様式を確立し、おもしろい仕事もできる先進諸国においてである。そこではたくさんの子どもをもつことが、自分の貧乏につながるからだ。子どもが労働力であって、多子化が豊かさにつながるところでは、子どもはふえつづけ、逆にそれが問題になっている。

先進国にせよ、第三世界にせよ、人口は「社会」の成りゆきなど考えてはいない。それを考えているのは、それぞれの個人ではなくて、国である。「少子化」の問題は、もっと根本的なところから考えてみなくてはならないだろう。

飽食の理由

このごろ人間はものを食べすぎて、なにかというと間食をしたり、つねになにか食べていて、太って困るという話をよく耳にする。アメリカをはじめとする多くの国で子どもの肥満が問題にされたり、日本でも国をあげてメタボリック対策に取り組んだりしている。一見すると現代人が抱える病いのようであるが、これもじつは人間という動物がチンパンジーやゴリラから進化したということの上に乗っているのである。

草食の動物と肉食の動物は、栄養のとりかたがまったく異なる。植物はそこらじゅうにあるし、逃げていくことはないから、探して見つければ食べられる。しかし、植物は栄養価が低く、消化率も低い。だから草食動物は、たえず、しかも大量に食べつづけなければならない。牧場にいるウシなどを見ていると、昼間はほとんど下を向いて草を食べている。

肉食動物はまったくちがう。獲物の動物は動きまわり、近づけば逃げるから、狩りは大変である。一日探して歩いても獲物に出会わなかったり、獲物を見つけても、うまくつかまえられなかったりすることも当然ある。けれど、いったん獲物を捕らえれば、肉は栄養価が高く、大きな獲物であれば量もたっぷりある。食物としては不安定だが、手に入ったらじゅうぶんに食え、その後しばらくは食べなくてもよい。彼らは長いあいだ飢えに耐えられるのである。

本来の肉食獣、つまりイヌ科やネコ科の大型獣、あるいはワニなどは、こういう食物に適合するように体ができている。いったん獲物を捕らえたら、人間で言えば一〇キロ、二〇キロにあたる肉を平らげ、その後、一週間ほどはなにも食べずにいられる。ところが人間は、本来は草食獣の類人猿である。歩きまわって、ここではイチゴ、ここではタケノコというように、すこしずつ、たえず食べているような生活をしていた。いわゆる「スナック・イーター」である。スナックのように、すこしつまんではまた食べるという動物なのである。だから、週に一度どころではなく、朝・昼・晩と、一日に三度も食事をする。頻繁に食事しないとどうしても空腹を感じるように体ができているのだ。

石器時代や氷河時代の人間はどうだったろう？　彼らはマンモスやノウサギやヤギュウを狩っていた。ほとんどそれしか食べものはなかったろう。一週間に一度程度の食事をたらふく食べることで彼らは生き、子孫を残してきた。肉はほとんど唯一の栄養源だったから、人間は肉を好んだ。いったんありついたら、栄養はじゅうぶんにとれた。本来は草食獣である人間だが、好みとしてはすっかり肉食獣になっていた。ただし、体はスナック・イーターのまま。これが今日、人間の悲劇を生んでいる。

その後、人間は農業を発明し、植物生産物への依存を強めていった。肉の不安定さは大幅に解消されたが、すでに少なくとも一〇〇万年にわたって肉食獣になってしまった人間は、肉への願望を消すことができない。

肉だけでなく、甘い糖分への願望も根強かっただろう。森の草食類人猿として一〇〇〇万年近くの間、甘い果実をたっぷり食べてきたであろう人間は、草原に出てから糖分に飢えつづけてきたことだろう。たえず甘いものを欲しがり、すこしでも糖分にありついたら、それをしっかり体にたくわえたにちがいない。

これらもろもろの「構造」が、今もわれわれの体をつくっている。肉への願望、そして肉を好む一方で、甘いものへの欲望。それらは生きていくために絶対必要なことだったから、そうかんたんにはなくならない。人間はそうやって生きて、子孫を残してきた。だから今、われわれがいるのである。そして今でもわれわれはそのおかげで生きている。

困ったことに、スナック・イーターであるという類人猿本来の性質も、依然としてわれわれには残っている。だから人間は、ともすれば「飽食動物」になってしまうのである。

概念の形成と死の発見

人間は脳が非常に発達してしまった。そして、言語というものを発明した。文字のない民族はたくさんあるが、言語がない民族はいない。人間はすべて言語をもっている。これはいつ、いかにしてできたかよくわからないが、一般的に言語はコミュニケーションの手段だと思われている。

ある動物は鳴き声でコミュニケーションをとり、また、ある動物は別の方法でコミュニケーションをとる。そして人間は言語を使ってコミュニケーションをとる。つまり、言語はコミュニケーションのためにでき、進化したと思われている。しかし、どうもそうではないだろうというのがぼくの考えである。

われわれ人間は、左や右、前や後ろ、今日や昨日というようないろいろな概念をもっている。この概念は、動物の脳が大きくなるにつれて、どんどんできてきたものだ。虫などはどういう概念をもっているかよくわからないが、ネコはかなりの概念をもっているように見えるし、イヌも同様である。チンパンジーあたりになると、相当いろんな概念をもっている。

しかし、動物には言語がないので、概念を整理するのは大変だろう。われわれは、右、左と言うと、どちらが右でどちらが左かすぐわかる。しかし、「右」「左」ということばがなければどうするのだろう。「こちら」ということばもないだろう。概念をことばなしでもつのは大変である。それを整理するために、言語ができたのではないか。

そのために言語をつくってみると、人に伝わる。つまり、言語は本来、自分の頭の中で概念を整理するためのものであったが、コミュニケーションにも使うようになった、ということではないだろうか。そういうことをしているのはどうも人間だけらしい。

人間が言語を使って概念を整理すると、思想が出てくることになる。概念をたくさんつくり、ものを考え、概念であることばを使って、考えていることを別の人間に伝えていく。このようにして人間はいろいろなものを発見していった。たぶん人間が発見していちばん困った状態になっているのは、死ということである。

人間は死を発見してしまったとよく言われる。どうやらほかの動物は、死というものがあるということも知らないらしい。死んだという概念はなくて、動かなくなってしまった、冷たくなってしまったということはわかる。こちらがなにかしても応《こた》えてくれないこともわかる。寂しいと思うかもしれないが、その程度だろう。死ということがあって、「こいつは死んだか。いずれは自分も死ぬな」などということは絶対に考えない。

ところが人間は、死というものがあり、いずれは自分にも死が襲ってくることを知ってしまった。それを自分の気持ちの中でどうするのか、なにか対応するものを考えなければいけないということで、宗教というものができたのだろう。宗教はイヌやネコにはない。これは、人間が頭がよかったからできたことでもあるし、言語をつくったからできたことであるが、それによって人間が楽になったか苦しくなったかはよくわからない。そういうことをどう考えたらいいのだろうか。苦しくなったら、人間もほかの動物のように生きればいいといっても、これまで述べてきたように、体の構造ひとつにしてもうほかの動物と同じではないのだから、しかたない。では、どうしたらいいのかを考えなくてはいけないのである。

言語とはなにか

ノーム・チョムスキーという言語学者は「生成文法理論」というものを出して言語学の世界に大きな波紋を与えた。これは人間の言語の本質を鋭く突いたものであるが、それをたとえ話で説明したのが、イギリスの思想家アーサー・ケストラーである。

アメリカでもイギリスでもいいが、ある英語圏の農家に四歳ぐらいの男の子がいる。彼が窓から外を見ていると、郵便屋さんが来た。すると、その男の子がかわいがっているイヌが吠《ほ》えついた。郵便屋さんは怒って、そのイヌを蹴《け》とばした。男の子は、自分のかわいがっているイヌが蹴とばされたので、びっくりして台所へ行って、お母さんにそれを告げる。そのときにどう言うかというと、英語圏だから、四歳の子どもも英語で話す。

The postman kicked the dog.

なんでもない話のようであるが、これは大変なことだ。つまり、この男の子は、それまで郵便屋さんがイヌを蹴るところを見たことはない。だからこの文章は、この男の子が生まれてはじめてつくった文章なのである。

事前に「郵便屋さんがイヌを蹴ったときは「The postman kicked the dog. と言うのだよ。言ってごらん」「The postman kicked the dog.」「よしよし、よくできた」などと教わったことはない。まったくはじめてつくったのである。これは非常に不思議なことだ。

postman（郵便屋さん）とは、郵便を配達して歩く人である。その人は、それを職業としているから、今実際に郵便物を配達していなくても郵便屋さんである。黙って立っていても、自転車に乗っていても郵便屋さんである。昼食を食べていても郵便屋さんである。郵便屋さんとはどんな人で、どんな格好でなにをしているかはまったく規定がなく、とにかく郵便を配達して歩くことを職業としている人、という以上の意味はない。まったく抽象的なことばである。

では、kick（蹴る）とはなんだろうか。これも非常に抽象的なことばである。あえて言うなら「足をもって他物に打撃を与えること」にしかならない。これは、男が蹴ったか、女が蹴ったか、イヌが蹴ったかウマが蹴ったか、なにを蹴ったか、いっさい問わない。とにかく足をもって他物に打撃を与えると「蹴る」である。手を使うと「殴る」になる。そういう抽象的なことばである。

そんな抽象的なことをこの男の子がどうして知ったかはわからないが、とにかく「postman」「kick」という、どちらも抽象的なことばをさらりと使う。

この男の子はそのときになにを見たのか。それは、蹴っている郵便屋さん（kicking postman）という、ひとつの実体である。それをいきなり抽象的な二つのことば、「postman」と「kicked」とに分けたのである。これは、主語と述語である。あらゆる人間の言語は、主語と述語でできている。それはいったいどういうことだろうか。

言語の基本的なことは、どうも人間は教わるのではなくて、遺伝的に三〜四歳になるとわかってしまうらしい。この基本的な文法構造は、人間であればみなもっている。これは、イヌがワンと吠えるように、教わるわけではなく、文化でもなく、遺伝的にもっているものらしいのである。

ところが、構造がわかればそれで話せるかというと、そうではない。話すには、主語と動詞を単語で言わなければならない。そこで、英語では「postman kicked」と言い、日本語では「郵便屋さんが蹴った」と言うのである。こういう具体的な文章は人間に生まれつき備わったものではなく、明らかに文化として学習したものである。具体的なものにするときには単語が必要である。基本的な文法構造は遺伝的、単語は文化から学習する、という構造らしいのである。

「私は語学の才能がないので困っています」と言う人がよくいるが、ぼくは「それは嘘でしょう。あなたがもしイギリスで生まれていれば、今ごろは英語をペラペラ話していますよ。そのかわり、日本語はまったくできないでしょう」と答える。

結局、基本的なものはもっていて、それを自分のごく身近なところから取りこんだものを使って具体化したものが文化というものなのだろう。それがいつの間にかだんだん蓄積されていくと、日本文化や中国文化というものができて、そのうちに、文化がちがうとか、カルチャーショックとかいう話が出てくるのである。それは、ある意味で慣れの問題であり、なにが身近にあったかという問題で、そこに日本文化というものが厳然としてあるわけではないのではないか。そのへんで、人間という動物のもっている文化というものはなにかということをもうすこし動物学的に考えてみたい。そういうことをしていかないと、人間とはなんであるかがよくわからなくなってくるだろうからである。

学習のシステム

子どもを育てた人はよくご存じだろうが、子どもというものは、そこらへんにあるものをいじりまわしたり、かじってみたり、食べてしまったり、危なくてしょうがない。家族で一緒にレストランに行くと、あちらこちらをいじってくれて、親はなにを食べたかの記憶もない、という経験があるはずだ。

子どもは、そうやっているうちに、口に入れたものが辛かったらこれは食べてはいけない、かじると痛かったら、これは口に入れてはいけないものだ、と学習していく。人間という動物の子どもは、この学習を経ないと、なにを食べればよいのか判断できないようになっているのである。なにか食べたい、という衝動はあるが、なにをどうして食べるということの決まりはない。

昆虫の場合、なにを食べるべきかは、きちんと遺伝的に決まっている。たとえばモンシロチョウの幼虫は通常はキャベツの葉っぱを、与えればダイコンの葉っぱ、カブの葉っぱも食べる。同じような葉でも、ホウレンソウやレタスは絶対に食べない。キャベツやダイコンやカブは「アブラナ科」の植物で、カラシと同じ物質を含んでいる。モンシロチョウの幼虫は、カラシのにおいがすれば口に入れ、そして口の中でカラシの味がしたらのみこむ、と遺伝的に決まっている。レタスの葉っぱは、さわってみてもにおいがしないから、食べない。けれども、ただの紙切れにカラシを塗って与えると、食べても栄養にならないのに、平気で食べてしまう。

昆虫に比べると、鳥は学習するものが多い。以前、オーストラリアでガンを放し飼いにしているところがあって、観察したことがあるが、親鳥がひなを連れて歩きながら、そのへんに生えている草を食べていく。ひなは、後ろからちょこちょこついていきながら、親がなにをしているのかを見ている。それで、親が食べたものを食べるのである。

たとえば親は丸い葉っぱを食べた。とがった葉っぱは食べなかった。後ろからきたひなは、親が食べたのと同じ丸い葉っぱをすぐに食べる。ところがじつは、丸い葉っぱには二種類あって、ひとつはおいしいが、ひとつは猛烈に苦い。親は丸くておいしい葉っぱを食べているのだが、ひなは丸い形だけを見ているから、わからない。丸い葉っぱを食べたけれども、苦くて吐き出してしまう。そうすると、今度は親が選んでいる葉っぱをもっとよく見ることになる。そのうちにひなは、だんだん覚えていって、丸くておいしい葉っぱだけを食べるようになる。

ひなはそうやって一生懸命に学習している。親はなにをしているかといえば、自分が食べられるものを食べているだけで、とくに教えているようには見えなかった。要するに、人間でいう「親の背中を見て育つ」と同じことなのである。親鳥はちゃんとやっている。ひなはそれを見て学習していく。そのときのひなの目は熱心で、好奇心でいっぱいである。その様子をつぶさに観察してぼくは、「鳥はこうやって学習していくのだな」ということが、じつによくわかったのである。

動物たちの学習とはなにか。これは動物行動学でも非常に重要な問題である。いろいろと研究が進む中で、おもしろいことがわかってきた。

たとえばウグイスは「ホー、ホケキョ」と鳴く。そういうふうに鳴くのはウグイスだけで、ほかの鳥はけっして「ホー、ホケキョ」とは鳴かない。昔は、ウグイスは遺伝的に決まった本能で「ホー、ホケキョ」と鳴くという説もあった。そこで実験がおこなわれた。

卵をとってきて、人工孵化《ふか》させ、完全に隔離して、音が入ってこないケージに入れる。ひなはえさをやればちゃんと育ち、「チャッチャッチャ」という地鳴きはするが、「ホー、ホケキョ」とは鳴けない。とてもウグイスの声とは思えないような、とんでもない声で鳴く。そうならないためには、どうするか。テープでもよいから、親の「ホー、ホケキョ」という声をケージの中に流してやるのである。ひなは卵からかえって二日もすれば耳が聞こえて、テープの鳴き声がスピーカーから聞こえると、そちらを向いて、じっと聴いている。そして、記憶してしまうらしい。その後、のどが発達して、うたえるようになると、自分の鳴いた声を自分でモニターして、記憶と照らしあわせて修正し、最終的に「ホー、ホケキョ」とうたえるようになる。

つまり、学習しなければ「ホー、ホケキョ」というウグイス独特の歌はうたえないのである。あの鳴きかたはウグイスという種の最大の特徴なのだから、遺伝的に決まっているのだろうと思っていたら大まちがいで、そういうものでも学習しなければいけないことがわかった。ほかの小鳥を調べると、さえずりは、ほとんどがそうだった。これは非常に大きな発見だった。

そうなると、だれでもやってみたくなる実験がある。ウグイスのひなを隔離して、テープでカラスの声を聞かせると、それを学習して「カーカー」と鳴くウグイスができるか？　これと似たような実験をした研究者はたくさんいる。実際は、カラスの声ではあまりにもかけ離れているから、ウグイスの声をコンピューターで解析して、順番を入れ替え、「ケキョ、ホー」という声を聞かせるといった実験をおこなうのであるが、たとえ話としてカラスの声としておこう。

ウグイスの耳が聞こえるようになってはじめて聞こえた声が「カーカー」だったとする。それを聴いて、学習して、「カーカー」と鳴くウグイスができると思っていたら、そうではなかった。ウグイスのひなは、カラスの声をどれだけ流しても、知らん顔をしている。まったく関心をもたない。しかし、試しに「ホー、ホケキョ」を聞かせると、ウグイスははじめて聞く声であるにもかかわらず、真剣に聞くのである。カラスの声には無関心だったのに、これは変ではないか。どうも、なにを学習するかは、遺伝的に決まっているのではないかという気がしてきたのである。

昔は、「あの子の頭がいいのは、遺伝か学習か」ということがさかんに言われていた。頭のよさは親ゆずりのものか、それとも本人が一生懸命学習したからか、ということがどうしても気になる。「遺伝か、それとも学習か」、言い換えれば「氏か育ちか」という議論を世界じゅうで延々とやってきた。しかし、ウグイスの実験が明らかにしたのは、どうもそういうものではないらしい、ということだったのである。

ウグイスの場合も、「チャッチャヤッチャ」という地鳴きは、学習しなくても、おとなになるにつれてできるようになる。しかし、さえずりの「ホー、ホケキョ」は学習しなければできない。ということは、地鳴きはできるが、さえずりは学習しなさい、ということが遺伝的に決まっているのではないか。親の声を聞いて学習し、そのとき聞くべきお手本はこういう声だ、ということも遺伝的に決まっているのではないか。だから、お手本とはちがう「カーカー」という声を聞かせても、まるで関心を示さないようになっているのではないか。

これは非常に大きな発見であった。つまり、学習と遺伝は対立するものではなく、学習は遺伝的プログラムの一環であるということになる。なにを、いつ、どういう形で学習するかということも、遺伝的に決まっているらしい。しかしそれは種によってちがっている。

同じ鳥でもニワトリの場合、オスがあげる「コケコッコー」という声は、学習する必要がない。なぜかというと、ニワトリは、オスとメスが一緒にいるのは生殖活動の間だけで、その後、メスはひとりで卵を産んで、ひとりでかえし、ひとりで育てる。オスは関係ない。

そうすると、オスのひなは、「コケコッコー」という声を聞くチャンスがあるかどうか、わからない。おとなのオスが近くにいない場合もありうる。そのときに、それを聞かなければ学習できないように遺伝的プログラムが組まれていたら、オスのひなは、おとなのオスを探しまわらなければいけない。そういうことをしなくてもいいように、プログラムが組まれているのである。

ツルのひなは、地上の巣でかえる。大きくなると、だんだん翼が延びてくる。そうすると、つい飛んでみたくなる衝動にかられるらしい。そこでまず、五〇センチほど飛んでみる。そして、日がたつにしたがって一メートル、二メートル、三メートルとだんだん距離が長くなり、最後は親と一緒に日本海を渡ってシベリアまで飛んでいくことになる。

一方、キツツキは木の幹に巣をつくり、ひなはそこで大きくなる。すこし大きくなったひなは、ばたばた羽ばたきをするが、絶対に飛ぶことはない。下手に飛ぶと、巣から落ちて、死んでしまうことになるからだ。プログラムとしては、飛べるようになってもあるところまでは飛ぶな、となっているようである。そのかわり、キツツキのひながいよいよ飛ぶときには、二〇メートルぐらいは一気に飛んでしまう。

つまり、動物の生活のしかた、育ちかた、どんな集団で住んでいるか、どこに巣をつくるかなど、いろんなことによって、その動物の学習のプログラムがちがっているということである。では、人間の学習プログラムはどうなっているのか。そこが問題である。

人間はどのような育ちかたをする動物か

大昔、人間はゴリラやチンパンジーと別れ、草原に出た。アフリカの草原には、ライオンなどのようにこわい動物がすでにたくさんいた。そこで、鋭い牙《きば》や爪といった武器ももたない人間が、生き延びてきたのである。なぜそれが可能だったのか。

それは人間がおそらく一〇〇人、二〇〇人という大集団をつくって生きてきたからであろう。雨露をしのぐために大きな洞窟《どうくつ》などに入り、そこで子どもを産んで育てていただろう。なにかあると集団で立ち向かい、獲物を捕らえてやっと生き延びてきたのだろう。

そうした中で産まれた赤ん坊は、周りにあるものを見る。そこにはいろいろなおとながいる。男もいるし、女もいる。男も女も、若い者から年寄りまで、いろいろな年齢の者がいる。うるさい者もいれば、声の小さい者もいる。キャラクターもさまざまである。男であれば、狩りのうまい者もいれば、罠をつくるのがうまい者もいる。女は、子育ての上手な者や料理が得意な者がいる。

赤ん坊は好奇心があって、あの人たちはなにをしているのか、なにを食べているのか、じっと観察して、どんどん学習していったのだろう。そうやって、みんなちゃんとした石器時代人になり、男女が互いに口説きあい、相手を見つけて子どもを産む。そういうことをして、うまくやってきたのだろう。

ところが、近代になると、様子がすっかり変わっている。たとえば団地というものができた。核家族化して、プライバシーが問題になっている。団地のドアを閉めて家の中に入ると、そこには男ひとり、女ひとり、子どもがひとりかふたり、それだけしかいない。

その男というのは、世の中にたくさんいる男の中のひとりだから、必ずずれている。女も同じである。ずれた男と、ずれた女、それを見て、男一般、女一般を類推せよ、といっても無理な話だ。しかも、この男や女が他の人々とどうつきあっているのか、それを見ることもむずかしい。

学校へ行くと、学級制度があるから、同じ年代の子どもで区切られていて、上級生や下級生とはあまりつきあいがない。先生はいるが、管理することばかり気にかけて、大事なことは教えてくれない。おとなの男は一般にどういうことをするかとか、女はなにをするかといったことを学ぶことはできない。結局、なにも学ぶことなしに、おとなになってしまうことになる。だから、人と人とのつきあいを知らない人間がどんどんできてきているのではないか。

つまり、石器時代にはうまく活きてきたシステムが、文明が進んだことによって、まったく機能しなくなってしまったのである。それをなんとかするために、今、道徳教育が大事だと言われる。しかし、これは本来は道徳の問題ではないのである。しかも、教育されるのではなくて、自分で取得するものなのである。「家庭が大事だ」とさかんに言われる。しかし今の家庭は特殊なケースだから、家庭の中だけで育つと、ずれたおとなになってしまう。国の教育では、国の役に立つようなことばかり教える。役に立たないと思われていることは抜けてしまう。

ところが子どもは、自分でおもしろいと思ったことは、どんどん取りこんで育っていくものだ。好奇心があれば、身につける必要のあるものを自分で選んで、取りこんで、勝手に育っていく。教育とは、結局、そういう「場」をつくることなのである。

人間はなぜ争うのか

平和でトラブルなしにすごしたいという願いは、人間だれもが抱いているものであるが、現実はなかなかそうはならない。けれどそれは、人間が未熟なためでもなく、人々の修養が足りなくて心がよごれているからでもないらしい。

今からすでに四五年も前、オーストリア生まれのコンラート・ローレンツは、『いわゆる悪――攻撃性の自然誌（原題）』（邦訳『攻撃――悪の自然誌』みすず書房）という本を書いて、大きな注目を浴びた。

ローレンツは、長年にわたる動物行動学（エソロジー）の研究から、動物たちがもっている攻撃性というものについて考察している。ここで言う攻撃性とは、肉食獣が獲物を捕らえて食うというようなことではなく、自分と同じ種、つまり同類の仲間に対して攻撃的にふるまう性質のことである。

ローレンツによれば、すべての動物のすべての個体は攻撃性をもっている。それは遺伝的に備わっているものであって、同類間での争いは、それぞれの個体のもつこの攻撃性によって起こる。動物のオスたちはなわばりをめぐって、メスをめぐって、また、順位をめぐって、食物をめぐって、ことあるごとに他のオスと争っている。一方、メスたちも、食物や住み場所をめぐって争うことが多く、子どもたちといえども攻撃性を欠いているわけではない。

このような争いのもととなる攻撃性は、キリスト教社会においては言うまでもなく「悪」である。しかし、個々の個体にとってのこの「悪」は、種（種族）にとっては「善」となる。すなわち、それぞれの個体の攻撃性によって個体が反発しあうために、なわばりを設けて子どもを安全に育てたり、密集を避けて食物の枯渇や住み場所の汚染、あるいは伝染病の蔓延《まんえん》を防いだりして、結局のところ、種の維持にとって有利になる。ローレンツはまずこのことを指摘した。

続いて彼は、種にとっては善であるこの攻撃性の「悪」の面をなくすために、種がどのような手だてを進化させているかを述べている。たとえばオオカミのような猛獣でも、闘争は試合のように一定のルールにしたがっておこなわれるので、殺しあいには至らない。鳥の場合には、派手な色彩の羽の見せあいという儀式だけで、勝敗が決まることもある。群れの中に順位制を設けることによる不必要な闘争の排除なども、そのひとつだ。これと似たことは、人間の文化にも見られることを強調した。

ローレンツが一貫して主張したのは、攻撃性というものがどの個体にも遺伝的に組みこまれたものであって、学習や教育によって消滅させられるものではない、ということである。それは攻撃性が種を維持するために不可欠なものであるからだ。

しかし、その後の動物行動学の研究によって、個体の攻撃性が種族維持のためのものであるというローレンツの見方は、ほぼ完全に否定されてしまった。個々の個体の攻撃性は、それぞれの個体が、種族のではなくて、その個体自身の遺伝子をできるだけたくさん後代に残していくことにとって「善」なのであるという、まったくちがった見方に変わってしまったのである。

この見方に立つと、われわれ個人は、それぞれに宿っている遺伝子のロボットにすぎないということになる。そして、ロボットである以上、他人に対して攻撃的であるのもやむを得ないことになる。

しかし、この「利己的遺伝子」説を提唱したイギリスのリチャード・ドーキンスは、こう言っている。「利己的なのは遺伝子であって、個体ではない」。

遺伝子たちは自分たちが生き残ってふえていきたいと利己的に「願って」いる。そこで遺伝子は自分の宿っている個体を操って、他個体を攻撃的に追い払い、すこしでも多く食物を食べて、早く育っていくようにさせる。しかしそれだけではふえていくことはできない。そこで、同種の異性に対しては攻撃的でなく近よっていき、なんとかして生殖して、子孫をつくらせるようにその個体にふるまわせる。つまり、利己的な遺伝子は、個体を攻撃的にふるまわせるだけではないのである。

このようなわけで、動物においては、他個体との協力関係がしばしば見られる。それは生殖にたずさわっている異性個体の間だけでなく、親子の間ではふつうに起こっていることである。

また、動物は群れをつくって助けあうことが多い。群れは、個体間の協力関係によって保たれている。群れには両性の個体が含まれることもあるが、草食獣の場合のように同性個体だけからなる場合も多い。いずれにせよ、群れの中では個体の攻撃性は、少なくともあからさまにはあらわれていない。

しかし、今日の動物行動学の見方はきわめて冷めている。そこにいかに協力関係が見られようと、それは遺伝子たちの利益のためなのである。個々の個体に宿る遺伝子は、その個体が群れの他個体と協力してくれるほうが、自分たちにとって得になるから、そうさせているだけのことなのだ。もし、協力的でないほうが遺伝子の目的にとって得になるならば、遺伝子はその個体を攻撃的にふるまわせるだろう。仲よく大きな群れをなして危険な渡りを終えた小鳥たちは、たちまち攻撃的になって、それぞれがなわばりを構え、その中で生活して、ひなを育てあげる。

このように、協力的なもののシンボルとも思える群れの中でも、遺伝子にとってのこの得失のあつれきはつねに存在する。群れていれば安全だが、近くの個体と思わずぶつかりあうこともあり、こぜりあいが起こる。群れが大きくなれば、より安全だが、こぜりあいの頻度も高くなる。このバランスが群れの大きさを決めているのだ。

オス・メスの協力なしには実りえない生殖や子育てにおいても、オスとメスはそれぞれがきわめて利己的にふるまっている。オスはメスが受精したら、また次のメスを手に入れようとする。一方、メスは、近よってくるオスの中から、いちばん条件のよいオスを選ぼうとする。メスが子どもを育てるのは、その子が早く孫をつくって自分の遺伝子をふやしてくれることを願うからであって、けっしてその子がかわいいからではない。ここには安易な「愛」などというものは考えられないのである。

ローレンツの「種にとっての善」という見方は否定されたけれども、攻撃性はそれぞれの個体に遺伝的に組みこまれたもので、学習や教育によって消し去ることのできるものではないという彼の指摘は、まったく正しかったのである。われわれは他人からなにか言われてムカッとくるのをおさえることはできない。問題は、そのあとどうするかなのだ。

美学の問題

問題はこれ以外にもある。それは、文化摩擦、民族紛争、国家間の争いといった、われわれ人間にしか見られない集団的な攻撃性の問題だ。

このような争いが個人の攻撃性とかかわっているのはもちろんである。それなしに争いは生じるはずはないからである。けれども、集団間の争いを個人の攻撃性だけで説明できないのも、今や自明のことだ。

人間の集団間の争いはすべて、ある意味での宗教戦争だということも言われている。これはかなりあたっていると思う。しばらく前からぼくは、ほとんどこれと同じことを「美学」ということばで説明できないかと考えるようになった。

たとえば宗教的な美学がある。人間は「神のために」闘う。一方で「平和」という理念があって、平和論者がいて、「平和こそいちばん大事だ」という美学がひとつ出てくる。それが「平和のために」となると、昔も今も「平和のための戦争」というものがある。

どの文化にも、どの民族にも、そしてどの国家にも、なにかそれぞれの美学というべきものがあるのではないか。そして、なにかあるひとつのことに対して、それぞれの美学からくる感情が対立するのではないか。アメリカにはどう見てもアメリカの美学がありそうだし、イスラームの国々にはそれなりの美学がありそうである。

美学とはずいぶんあいまいな言いかたであるが、かつての「帝国主義的野望」などという空虚な言説よりは妥当かもしれない。なぜなら美学は、集団にも存在するし、個人にもあるものだからである。ただし、人間特有のものと思われるこの「美学」が、遺伝子とどういう関係にあるのか、ぼくにはまだよくわからない。

いずれにせよ、遺伝的に個人に組みこまれている攻撃性の問題と、遺伝的組みこみということはあり得ない集団間の争いを、ここからまとめ、考えることができるのではないかと思っている。

人間はどういう動物か？ ということをずっと考えてくる間に、いろいろな問題に関心が移っていった。

人間という動物も、考えてみればみるほどさまざまな面をもった動物だ。いろいろな点でほかの動物とは異なっている。

まず二本足で立って歩いている。こんな動物はほかにはいない。けれど、人間はなぜ立って歩くようになったのだろうかと考えてみると、これがさっぱりわからない。立って歩くとどういう得があったのだろうか？

第一、立って歩くだけでも大変なことだ。四つ足の動物が思い切って立ってみれば、それでよいというような単純なことではない。

ぼくは昔、大学院生だったころ、ある人類学の先生が書かれたものを読んで、このことがよくわかった。それは、その後のぼくのものの考えかたにとって、非常に大きな影響を与えるものであった。

体の構造ばかりではない。人間は、ほかの動物がもっていないようなさまざまな概念をもっている。いや、もっているだけではない。それをどんどんつくりだすということまでやっている。

おそらくはそれが、言語を生みだす原因になったのであろうが、そうなると人間は、その言語によって、ますます新しい概念をつくっていくのである。それは、もはや現実とはなんの関係もないようなものにまでなっていった。

人間はその上に立ってさらに新たな概念を生みだし、それによって生きていく。それが、近年ぼくがイリュージョンと言っているものであり、それによって人間は、ほかの動物とはものすごくちがう、こういう動物になっていったのである。

「われわれ人間は、いったいどういう動物なのか？」というぼくの疑問と手探りの中から、なにかを得てもらうことができれば、こんなうれしいことはない。

第二章　論理と共生

町の動物たち

自分が生きて子孫を残せる条件さえあれば、動物たちはどこにでも住みつく。そのひとつの例として話題となったのは、ニューヨークのハヤブサである。

猛禽《もうきん》類の一種であるハヤブサは、断崖《だんがい》の絶壁のようなところに巣をつくる。だから彼らは、人里離れた山の中や、絶海の孤島のような場所にしか住まない。

けれどこのハヤブサが、こともあろうにアメリカの大都市ニューヨークに住みついて、しだいにその数を増しているというのである。ニューヨークは人口世界四位という大都会である。町じゅうに人はあふれており、車はたえず行きかっている。こんな町になぜハヤブサが住みついたのであろうか?

ニューヨークには百何十階という高層ビルが建ち並んでいる。ハヤブサはその高層ビルに巣をかけている。

高層ビルにもいろいろあるが、有名なエンパイヤ・ステート・ビルなどのように古くからあるビルには、窓その他の場所にクラシックな張り出しがある。ハヤブサは断崖絶壁のちょっとした張り出しに巣をつくる。そのようなところにはキツネのような敵は襲ってこない。ひなはそういう狭い場所に適応していて、落ちたりすることもないという。ニューヨークの高層ビルは、まさに自然の断崖絶壁と同じなのである。ニューヨークにキツネはいないし、こんな急なビルの壁をよじ登ってくる敵はいない。ちょっとした張り出しがあれば、ハヤブサは安全な巣をつくることができる。何百万人という人も、何百万台という車も、はるか下をうごめいていて、巣の中にいるひなにはなんの関係もない。

そしてニューヨークにはたくさんのハトがいる。ハトは手ごろな大きさの獲物であり、絶海の島の海鳥や山の中の鳥よりも捕らえやすい。えさがあって、巣づくりの場所がある。なにかの偶然でニューヨークに迷いこんだハヤブサは、ここに本来の住み場と同じ条件を見いだしたというわけだ。

大都市の典型とも言える高層ビルは、また別の事態ももたらした。古くから日本の農村地帯のみならず、東京の町中でももっともありふれたチョウであったモンシロチョウを、町から追い出してしまったらしいのである。

日浦勇《ひうらいさむ》氏の『海をわたる蝶《ちょう》』（講談社学術文庫）によれば、モンシロチョウはもともと日本にはおらず、大陸から海を渡って日本にやってきたのだという。その時期は日本に畑作・稲作が広まった奈良時代ごろとされているが、もっと古かったかもしれない。

いずれにせよ、明るく開けて日のよくあたる場所に住むチョウであったモンシロチョウは、日本に渡ってきても、明るい川原のような場所にだけ住んでいたにちがいない。そのまわりに広がる林は、本来、木かげで活動する近縁の別種、スジグロシロチョウの土地であった。

しかし、人間の手による林の開墾が進み、村や町ができていくと、よく日のあたる明るい場所がふえていった。モンシロチョウはそこへ進出し、反対にスジグロシロチョウは残された林に追いこめられていくことになる。

人間の住む町にもモンシロチョウは平気で住みついた。家々の間の土地にはカブその他の菜類が栽培されており、道ばたや空き地には同じくアブラナ科の雑草（ペンペングサやイヌガラシなど）がたくさん生えていて、モンシロチョウは幼虫の食物に困ることはなく、親のチョウの食物である蜜《みつ》を提供してくれる花は、町の中のほうが多かったからである。人間の存在はモンシロチョウにとってなんの問題にもならなかった。人間はチョウを追い払うわけでもなく、捕らえて食うわけでもなかったからである。むしろ人間の存在によって小鳥たちの数や種類が減ったことは、モンシロチョウにとって敵の減少という好都合の事態であった。

こうしてモンシロチョウは、農村だけでなく町にも住みつき、町の中でも人々に親しい昆虫となった。そして小学校の教材として、全国で使われることにもなった。

ところが、東京オリンピックの年あたりから、日本経済の活況を反映して、町には高層ビルが建ちはじめた。それにともなって日照権の問題が生じてきた。それは言うまでもなく、高層ビルが日かげをつくるからであった。

これはモンシロチョウにとって由々しい事態であった。モンシロチョウが開けた明るい日なたを住み場とするということは、彼らが強い日光のもとでしか活動できないことを意味している。日がかげると、モンシロチョウは太陽光の熱を吸収して体温を上げることができなくなり、飛べなくなってしまうのである。だから真夏のよほど暑い日でないかぎり、曇った日や雨の日にはモンシロチョウの飛ぶ姿を見ることはない。

こうして、高層ビルのつくりだす日かげでは、モンシロチョウは活動を妨げられた。

活動を妨げられたということは、たとえそこに花やアブラナ科の草があっても、そこで摂食や繁殖をおこなうことが難しくなったということである。

林の木もれ日や夕暮れどきの日光からでもじゅうぶんに熱を吸収して体温を上げることのできるスジグロシロチョウにとっては、高層ビルの進出はまったく逆の意味をもつ事態であった。そのような生理をもつスジグロシロチョウは、日光のさんさんと降りそそぐ明るい場所では体が過熱してしまう。だから彼らは林から出られなかったのである。

けれど高層ビルの進出は、町に林と同じ条件をつくりだしてくれた。ビルの合間の日かげに花とアブラナ科の草があるかぎり、スジグロシロチョウは林の中と同じように活動できる。そして子孫を残していくことができる。

こうして三〇年ぐらい前から、東京の都市部ではスジグロシロチョウがふえはじめた。そして当然のことながら、モンシロチョウは減りはじめた。東京で白いチョウを見かけたら、その多くは昔のようにモンシロチョウではなくてスジグロシロチョウであるという状態になっていったのである。

ほかの大都市でも同じようなことが起こっていったらしい。いつごろ、どのようにな場所で、どのような具合にこのような事態が進行していったか、過去のデータを探しだして、きちんと追跡してみたいと思っている。

ニューヨークのハヤブサと東京のモンシロチョウ。ここにはその二つの例だけしかあげることができなかったが、これらは「町の動物たち」というものの姿を典型的に示していると思う。一方は肉食性の鳥、もう一方は草に生きる昆虫。そのどちらももともとの住み場とはちがう町、それも都市に住みついてしまった。そしてチョウの場合には、町が大都市になるにつれて、また変化していった。

この二つの場合、人間そのものの存在は、あまり関係がなかった。そして人間の経済活動の生みだした状況が、動物たちの生きる条件をつくりだしていった。そしてさらにモンシロチョウの場合には、しだいにその条件を消滅させていったのである。

都会の中にしか住まないと言ったほうがよい動物もいる。ワモンゴキブリやチャバネゴキブリがその例である。けれど、山の中には、絶対に家に入ってこないゴキブリが何種類もいる。それはすべて、その動物の生きる条件とその「論理」と、町というもののもつ条件との関係によって決まっているのである。

(『地球環境』二〇〇〇年五月、ミサワホーム総合研究所)

都市緑化における触覚

都市緑化と触覚とは、ほとんど関係がなさそうである。町の緑はながめるものであって、さわって楽しむものではない。

もちろん、町に植えられた木々に近よってみれば、そして、その葉や幹や枝先の芽に手や指でさわってみれば、そこにさまざまな触覚を味わうことができる。すべすべした葉、やわらかな細かい毛でおおわれた葉裏、さわってみると意外に冷ややかで固い花。その木の「人生」の跡を伝えるごつごつした幹……。

そしてそれらを感じることによって、われわれはあるときは心の安らぎを、あるときはいらだちをおぼえることだろう。かつてフランスで過ごしたときにぼくは、パリの郊外でもたくさん見られるハリネズミのかわいらしい姿に感動した。絵で見ても実物を見ても、いがぐりのようなトゲ状の毛におおわれて、丸っこい体が愛くるしい。

しかし、たまたま一匹を手に入れて、それを抱えてみて仰天した。かわいらしい体に触れたとたん、ハリネズミは緊張してトゲを逆だてたのである。トゲはぼくの手にざっくり突きささった。その触覚的感触は、目で見たハリネズミの姿とはまったく異なるものであった。それ以来ハリネズミは、抱きしめたいのにそれができない、いらだたしい動物になった。

昆虫の接触化学感覚

いずれにしても、われわれが触覚的にものを感じるには、対象物に手でさわらなくてはならない。そして触覚には色もにおいもない。ただ「触れる感じ」があるだけである。

ところが、においのある触覚をもった動物がいる。たとえば多くの昆虫がそうである。

昆虫には、長い短いは別として、必ず二本の触角がある。昆虫はこれであたりのものに触れて、触覚的な情報を探ると同時に、においの情報も得ている。これはわれわれには想像もつかない感覚で、接触化学感覚と呼ばれ、ものの表面の物理的状態とともに化学的状況もキャッチできるのである。ゴキブリは、あの長い触角でたえずあたりの様子を探りながら、歩いたり走ったりしている。触角を切り落とされたゴキブリは極端に憶病になり、ほとんど歩きまわれなくなるという。

われわれ人間には触角というものがないから、昆虫のこの接触化学感覚という感覚がどんなものなのか実感がわかないが、昆虫の中には足の先に同じ感覚器官をもつものも多い。たとえば、ハエがそうである。ハエは食卓や食器の上を歩きまわりながら、前足の先で今自分が歩いている場所の形と味を感じている。そして、なにか食べられそうなものの存在をキャッチすると、そのとたんにさっと口が伸びて、そのものをなめる。こうしてハエは、広大な生活環境の中に点々と散在する小さな食物を見つけ、的確にそれを食べて生きている。

チョウも前足の先に接触化学感覚の器官をもっている。チョウのオスはその前足の先で相手の体に触れ、その「肌の感触とにおい」によって、相手がメスであるかどうかを知り、次にとるべき行動（交尾にとりかかるか、それとも飛び去るか）を決める。チョウのメスは前足の先で木の葉に触れ、卵を産むべきかどうかを「判断」する。

人間の触覚

人間の触覚では、残念ながらにおいや味はわからない。サクラの花にさわっても、その香りを指先で感じるわけにはいかないのである。初夏の都市公園の木々のかぐわしいにおいも、嗅覚《きゅうかく》器官である鼻でしか嗅《か》ぐことはできない。可能なのは、木々の若葉に触れてその触覚を楽しみながら、鼻で感じた香りをそれにあわせて、初夏の訪れを味わうことでしかない。

もちろん、人間においても触覚はきわめて根源的な感覚である。赤ん坊が母親に抱かれて、全身で触覚的に母親を感じているときの安心感は、はたから見ていてもよくわかる。ミルクをくれる模型の母親と、ふかふかした触覚的感触を与えてくれる模型の母親とを子ザルに与えたアメリカの心理学者ハーロウの実験では、子ザルは腹がへるとミルクをくれる模型のところへ行ってミルクを飲んだが、飲み終わるとふかふかの模型に戻り、それに抱きついていたという。これは人間にもあてはまることだろう。触覚は、ほかのどの感覚より安心感を与えてくれる感覚なのである。

これはほかの動物でも同じことで、人間の触覚に特有なわけではない。しかも、「都市緑化」ということとの関連で考えてみると、触覚の果たす役割はそれほど大きくないように見える。「触覚を考慮した緑地空間」とは、いったいどのようなものなのだろうか？

近距離感覚としての触覚

触覚は、味覚とともに、いわゆる「近距離感覚」とされている。対象物に体表で触れたとき、あるいは対象物を口の中に入れたときに、はじめて生じる感覚だからである。都市空間の緑化とは相いれない面をもっているのではなかろうか？

近距離感覚と対比して「遠距離感覚」とされているのは、視覚、聴覚、嗅覚である。いずれも遠くから感じることができるからであるのは言うまでもない。

この遠距離感覚は、これまでも都市計画でじゅうぶん考慮に入れられてきた。なかでも景観の問題ではきわめて重要視されている。聴覚についても、最近ではサウンドスケープの問題として、おおいに論じられ、研究されている。ぼく自身も、この問題にかかわったことがある。嗅覚についてはまだあまり正面きって検討されているようには見えないが、東南アジアの都市のにおいと、北欧の都市のにおいのちがい、都市と森林、田園のにおいのちがいは、だれでも知っているとおりである。

遠距離感覚における触覚──visual texture──

このようなこととの関連で、ぼくが以前から考えていたのは、触覚にも遠距離触覚というものがあり得るのではないか、ということだ。

英語で texture（テクスチュア）ということばがある。辞書をひくと、織り方、織地、というのが第一義。二として「(皮膚、木材、岩石などの) きめ、手ざわり」とある。

これは翻訳をしているとき、たいへん困ることばのひとつである。布地のテクスチュアとあったら「手ざわり」とか「きめ」と訳せばよい。意味はよくわかる。壁のテクスチュアというときでも、いちおうは手ざわりでよい。

ところが、visual texture という表現がしばしば出てくるのだ。visual だから視覚的。すると visual texture は「視覚的手ざわり」ということか？ だが、視覚的な、つまり目で見る手ざわりってなんのことだろう？ 手ではなくて目だからというので、「目ざわり」とやったら、ぜんぜん意味がちがってしまう。

どうやら texture というのは、手でさわってみることにかぎらないことばらしい。

目で見て感じるなめらかな感触とか、ざらざらした感じとかいうのは、すべてtexture に含まれるのである。目で見ているのだから、これはvisual texture という言いかたになる。

それでは texture をなんと訳したらいいのだろう？「きめ」というのがかなりあたっていそうだけど、今ひとつしっくりこないし、的を射たことばではない。そもそもいつもきめが細かいか粗いかだけを問題にしているわけではない。

このあたりの訳語の問題は英文学者に任せるとして、今、われわれにとって重要なのは、触覚とはけっして手や指先で触れるのにかぎったものではないということである。

京都洛北《らくほく》にあるぼくの家の窓から眺めると、鞍馬《くらま》街道ごしに神山《こうやま》という低い山並みが見える。京都の町を囲む東山、北山、西山のひとつ、北山のいちばん南のはしにあたる。

幸いなことに神山は、スギの山ではなく、ほとんど雑木におおわれている。夏はどうということはないけれど、春先の感じがとてもよい。冬の間じゅう枯れ木同然だった雑木の芽が思い思いにふくらんでくると、山はぼうっと霞んでいるように見える。

しかしただ霞んでいるだけでなく、そこになんとも言えぬ、それこそテクスチュアが生まれてくるのだ。冬とはまるでちがって、なにかやわらかみのある、さわったらふんわりとしているであろう温かいテクスチュアである。

もちろん色合いも変わってくる。灰色だった冬の林が、春先にはほんのり色づいてくる。色づくと言っても、まだ緑ではない。枝先の芽はふくらんだとはいえ、まだ固く、灰褐色の鱗片《りんぺん》に包まれたままだ。しかし、色のあるテクスチュアは明らかに変化しつつある。

これこそvisual textureではないか！　われわれは、この山のテクスチュアに、目で触れて味わっているのである。それは手ざわりではけっしてない。手でさわってみようとしても、不可能だ。手はごつごつした枝先の一本一本にさわるだけで、山全体のテクスチュアなど触れ得るべくもない。それは目で、visualにしか感じることのできないテクスチュアである。

目で見ているのだから、それは「風景」だろう、と思うかもしれない。けれどわれわれはそこにたんなる風景や景色以上のものを感じている。われわれは目でそれにさわっている！　これは目による触覚の世界なのだ。

都市緑化とテクスチュア

視覚的触覚というか触覚的視覚というか、とにかくテクスチュアの問題は、インテリアの世界では以前から重視されてきた。壁の材質のテクスチュア、つまり、木のもつ感触と大理石やコンクリートの壁のテクスチュアのちがい。そしてその上を壁紙でおおったり、塗料で彩色したりしたときの感触のちがいなど、多くのことについて検討がなされてきた。

建築家もテクスチュアには多大な関心を寄せてきた。コンクリートの打ちっぱなしが流行になった時代がある。建物のアウトラインやレリーフだけでなく、そのテクスチュアが大きな問題にされたことのひとつのあらわれだった。

今、われわれは都市の緑化、緑地空間のデザインについて、触覚の問題を論じようとしている。ぼくの印象では、それはオーソドックスな「触覚」の問題というよりは、視覚的触覚、すなわちテクスチュアの問題であるように思われる。その理由はこれまで述べてきたとおりだ。

緑地空間のデザインにおけるテクスチュアの問題は、建築やインテリアにおけるテクスチュアの問題に比べて、大きな強みをもっている。それはそのテクスチュアが自分で変化していってくれることである。

建築やインテリアでは、いったん人が選んでつくったテクスチュアはもはや変わらない。それがまたこれらのデザインにおける大きな関心事なのであるが、とにかく、いったん決まったら変化しない。変えようと思ったら塗り替えるか貼り替えるかしなくてはならない。

都市緑化においては、まったく異なる。樹木は時とともに自分で変わっていく。季節によってそのテクスチュアは変わり、樹齢によって感触は変わる。それを考慮に入れたデザインのおもしろさは、そう言っては失礼かもしれないが、とても建築やインテリアとは比較にならない。スギの山はなぜ素朴に人の心を打たないか？　それは一年を通してほとんどテクスチュアを変えないからである。

都市空間にスギのような木を配してはならない。たとえ落ち葉の始末に人手がかかるにせよ、温帯では落葉樹を植えるべきではなかろうか。地上の落ち葉はまたひとつテクスチュアを変えて、われわれの視覚を楽しませてくれる。

目による遠距離触覚とも言えるヴィジュアル・タクタイル（visual tactile 視覚的触

感)の問題に、もっと積極的に取り組むべきではなかろうか。

(『都市緑化技術』1997, WINTER No. 24)

計画と偶然の間

一九九三年、東京では世界都市博が計画されていた。ぼくはたまたま博報堂から相談を受け、この博覧会にかかわることになった。

博報堂の企画は、この都市博にイギリスの自然映画製作の第一人者デーヴィッド・アテンボローを引っぱりだそうということだった。

よく知られているとおり、デーヴィッド・アテンボロー氏は、BBCの映画『地球の生きものたち』、『地球に生きる』、そして『生きものたちの挑戦』などで世界的にたいへんよく知られた人物である。その映像は、さすがイギリスのBBCだ、と賛嘆せざるを得ないすばらしいものの連続であった。NHKでも何度も放映され、感激した人も少なくないだろう。ぼくがその解説をつとめたこともある。

そのアテンボロー氏に、「動物たちの都市」という映画を撮ってもらい、それを世界都市博に持ち出そうというのが、博報堂の企画であった。

動物たちの都市

ぼくがなにを頼まれたかというと、アテンボロー氏に博報堂を紹介してほしいということだった。ぼくはかつて、彼が映画と並行して出版した『地球の生きものたち』の邦訳にかかわっている。そしてそのすぐあと、東マレーシアのボルネオ・サバ州のブルマス植林地の中で、次の作品『地球に生きる』を撮影しにきていた彼と、まさに山の中でばったり出会ったのである。それは本当に感激的な出会いだった。

そんなことを知っていた博報堂の笠原章《かさはらあきら》氏に頼まれて、ぼくはデーヴィッドにファクスを送った。うれしいことに、答えはイエスであった。

その後、いろいろないきさつはあったが、とにかく一七分もののすばらしい映画ができあがった。それは、南極に近いサウス・ジョージア島での動物たちの「都市」を感動的に撮ったものだった。並行して、もっと長いフィルムも撮影された。

さて、いよいよ都市博用の一七分ものの編集も終わりかけ、最後の段階に入ったところで、青島東京都知事が誕生し、同氏の判断によって世界都市博はなくなってしまった。

都市博用の一七分ものは宙に浮いた。幸いなことに、長いほうのフィルムは『サバイバル・アイランド（Survival Island）』というタイトルのもとにアイマックス（IMAX）系のハイビジョン劇場において、世界のあちこちで上映されることになった。

だがなぜ「都市博」に動物なのか？　博報堂の意図は、出展企業がおそらくみなそろって人間の都市礼賛に走るであろう中で、「動物たちの」都市というものを打ち出して注目を集めようということにあった。

それにはぼくも大賛成であった。人間の都市というものに幾多の問題が出てきている今、そのような視点からもういちどものを見直してみることが必要なのではないか？　それはきっと見る人々の注意をひき、企画者である博報堂とそのスポンサーである住友グループの評価も高まるにちがいない。これが博報堂のねらいだった。

博報堂の求めに応じて、ぼくはデーヴィッドに手紙を書いた。

都市は楽しく、活気にあふれた場所である。多くの人が集い、便利で快適な生活を送っている。動物たちが繁殖期につくる一時的な「都市」にも似たところがある。

しかし、この動物の都市に近よってよく見れば、そこにはたえず争いがあり、命の危険もある。けれどそこには多数が集まっていることによるにぎわいがあり、活気があり、多数いることによる安全もある。争いを避けてひとり離れた場所に巣をつくっても、たちまち敵の集中攻撃、環境変化をもろに受けて、子どもどころか自分の命まで失うだけであろう。動物でも人間でも、「都市」にはこういう意味がある、ということをぜひ人々に伝えてもらいたい。

ぼくはデーヴィッドにこのように書いた。デーヴィッドからは、「わかった。そのようなものをつくろう」という返事がきた。

拡大する都市

ぼくらが小学校のころに教わったのは、その町の産業がなんであるか、もうすこし平たく言えば、その町はなんで食っており、なぜ人が集まってくるか？　ということであった。

ある町は炭坑の町として栄え、ある町は林業の町として、あるいは物資の集散地としてつまり商業の町として生まれ、発展してきた。こうぼくらは教わった。町のつくりもそれに見合っている。炭坑町は炭坑町らしく、商業都市は商業都市らしくできあがっている。ぼくらはそのようにも教わった。

たしかにそのとおりだとぼくは思った。第二次世界大戦後、日本軍が崩壊し、その後、何年もして造船所や製鉄所がふるわなくなり、石油に追われて炭坑が縮小を始めると、さびれていく町もできた。

しかし、東京は拡大の一途をたどっていた。東京ばかりではない。メキシコ・シティーとかブエノスアイレスとかいう都市を含めて、世界の大きな都市はますます大きくなっていった。それぞれの都市の目指すところも、とにかくもっと大きくなることであった。人口増加がその都市の繁栄を示す指標となり、政治はいかにしてより多くの人口を生み出し支えるかに熱中した。

そのように拡大を始めた都市では、なにがその都市の生業であり、いかなる産業が人をひきつけるのか、もうわからなくなっている。人々はたんにそこが都市であり、人がたくさんいるがゆえにひきつけられ、集まってきているのだ。

人がたくさんいれば、いろいろな商売が成り立ち、一次生産とは関係のない職業が生まれてきて、人々はそれで生活していける。こうして町や都市は、人口がある限度を越えると、あとはほとんど自動的に大きくなっていってしまうらしい。アフリカで突然に町が出現した例を見たことがあるが、これも同じ理由によると考えられる。

そのような町や都市は、ほとんど無秩序にできあがっていく。これを「癌《がん》」にたとえる人もいる。いずれにせよ行政としては、そのような町に都市計画が必要であると考えるに至る。住民からも「行政はもっとしっかりせよ」という声が起こる。そこで都市計画が始まる。あるいは町の郊外に斬新《ざんしん》なニュータウンを建設すべく、計画が練られることになる。

そのようなケースを見ていて、動物行動学(エソロジー)をやっている者として、つい考えてしまうことがある。それは次のようなことだった。

自然界の計画性

たとえばアリの巣。地下に掘られたアリの巣はじつにうまくできあがっている。アリたちが走りまわり、外へ出ていったり、収穫物を運びこんだりする通路、女王の部屋、育児の部屋、食物の貯蔵庫、等々。入口は雨でも降ればすぐ閉ざされる。すこしぐらいの雨では巣は水びたしになったりはしない。

　かつて長谷川堯《はせがわたかし》氏が紹介したシロアリになるともっとすごい。女王と王のカップルが住むがっちりした王室。これは頑丈なナタでも使わねば開くことができない。開けば瞬間的にワーカー（働きアリ）たちが群がってきて、大きなイモムシのような女王のまわりに土の粒を積みあげて壁をつくりはじめる。小さなワーカーが口にくわえて運んでくる小さな土の粒を積みあげていくだけだが、壁はみるみるうちにできあがっていく。

　このとき、土の壁は女王の体から一センチほど離れてつくられる。麻酔した女王の体をS字状に曲げて置くと、壁もそれに沿ってS字状にできる。壁の位置は、女王の体のにおいに導かれたワーカーたちの反応によって決まるのである。

　アリやシロアリはほんの一例にすぎない。そのほかの多くの動物たちの巣も、みな同じようにしてつくられ、結果的にはそこにみごとな計画性が認められる。

　この「計画性」とはなんなのだろうか？

　計画とはデザインである。動物たちの巣ばかりでなく、地球上の自然は、あたかもデザインされたようにできあがっている。生物界はとくにそうである。ひとつひとつの動物の形、構造、機能は、調べてみればみるほどうまくできている。植物についても同じことだ。そしてそれらの動物と植物、動物と動物、植物と植物の関係も。

ひところ有名になった「ボディー・ガードを呼ぶ植物」のことはご存じの方も多かろう。

マメ科植物の一種の葉には、ごく小さなハダニがつく。このダニは、葉の汁を吸って、たちまちふえる。葉は萎《な》え、植物は枯れそうになる。するとこの植物はある特別な物質をつくりはじめ、それを空中に放散する。この物質のにおいは、カブリダニという別の種のダニをひきつける。カブリダニは肉食性のダニで、ハダニをつかまえて食っているのである。植物の放つSOS物質のにおいでカブリダニが集まってきて、葉を枯らしているハダニを片っぱしから食べはじめる。こうして植物は救われる。

じつにみごとなデザインではないか！　こういう巧みなデザインが自然界のそこらじゅうに見られるのだ。ナチュラル・ヒストリーの研究が、次々にそれを明らかにしてくれる。

問題は、だれがそれをデザインしたかということだ。

累積的にはたらく淘汰《とうた》

イギリスに昔から論じられているデザイナー論は、造物主＝神がそのデザイナーだということをめぐっておこなわれてきた。しかし、科学と技術の上に立ってものを考えているわれわれは、それほど軽々しく神を引っぱりだすわけにはいかない。しかし、もし神を持ちださなかったら、だれがデザイナーだったことになるのか？　進化論は要するにこの問題だったのである。

「利己的遺伝子」論でよく知られるイギリスのリチャード・ドーキンスは、『ブラインド・ウォッチメイカー』（早川書房）で、そういうデザイナーは存在しなかった、そこにはただ偶然があっただけだ、と述べている。

白砂青松の美しい浜辺は、あたかもだれか都市計画の人かランドスケープ・デザイナーによってデザインされたかのようにできている。波打ち際は細かい白い砂。遠くなるにしたがって粗い砂、小石。そのあたりからハマヒルガオなどの植物が生え、やがて松林へと続く。しかしそこにあったのは、ただ打ち寄せる波という偶然しかなかった。その偶然がみごとな美しい浜辺をつくりだしたのである。

生物の世界についても同じことだとドーキンスは言う。偶然の突然変異と自然淘汰。

それだけでじゅうぶんなのだと彼は言うのである。

これはダーウィンの進化論そのものである。根っからのダーウィン主義者であるドーキンスは、ダーウィンの考えを推し進めているだけだ。

けれど、ドーキンスは、ここで注目すべきことを言っている。

偶然の突然変異とそれにかかる偶然の自然淘汰というダーウィンの進化論に対して、昔からだれもが抱いている疑問——すなわち、すべてが偶然によるのだったら、こんなにうまくできた生物ができあがるのにどれだけの時間がかかったろう——という疑問に、ドーキンスはみごとに答えているのである。

この疑問は、昔から次のような例でたとえられている。「サルがでたらめにタイプライターを打っていると、いつの間にか偶然にシェークスピアの作品ができる確率はどの程度のものか?」。ドーキンスの答えはこうである。「自然淘汰はたんなる偶然ではなく、累積的にはたらく」。

ぼくはこれを次のように話している。ホテルで朝食をとるとき、ウェイターが尋ねる。「和食にしますか? それとも洋食にしますか? 中華もございますが」。ぼくは答える。「洋食」。ぼくは三つの偶然のうちからひとつを選んだのだ。つまり淘汰をかけたのである。すべての和食とすべての中華は落ちてしまって、もう二度とあらわれない。

次はこうだ。「はい、洋食でございますね。ではパンにしますか？　ライスにしますか？」「パンにします」。これでピラフも白飯もカレーも、その他すべては落ちてしまう。「ではトーストですか？　ロールですか？」「トースト」。これでプチロールもクロワッサンもすべて落ちてしまう。「では、バターですか？　ジャムですか？」「バター」。

こうしてぼくは、和・洋・中と一〇〇種類ほどあったであろう朝食のうちから、たった四段階の「淘汰」でバター・トーストに至る。

重要なのは、一回の淘汰で、ほかのものはすべて落ちてしまって二度と問題にされないことである。自然界における淘汰もこのように「累積的」にはたらいているとドーキンスは言うのである。


「人間の論理」と「自然の論理」

この話は示唆的であるとぼくは思う。都市計画なるものは、必ずあるデザイナーによって計画される。都市ではあまりに要素が複雑であるから、話を大幅に矮小化《わいしょう》して、公園か庭園のデザインとしよう。

いわゆる西洋式の庭園は、デザインというか計画の典型である。道はまっすぐで、直角に交差している。芝生はきちんとした正方形または矩形《くけい》。植えられた木は球形に刈りこまれている。直線と直角と円。円形を除けば、自然には存在しないもの、したがって人間の感覚にも経験にもなかったものばかりである。逆に言えば、だからこそ新奇な魅力があったのかもしれない。けれど、これを基調とした都市計画が人間の日常の住み場所を支配してしまったら、人間はなにか大切なものを失うことになる。

この対照としていつも持ちだされるのが、日本庭園である。道は曲がりくねっており、水はうねうねと流れていく。木は不規則に枝を伸ばし、その不規則さがまた観賞の対象となる。

しかし、日本庭園もまたつくられたもので、下草はきれいに取り除かれ、美しいとされるコケとか特定の植物以外には一草も生えていない。不規則に枝を伸ばした木も、じつは不規則に刈りこまれた結果である。

西洋式にせよ日本式にせよ、きちんとしかも入念に周到に「計画」された庭園を支配しているのは「人間の論理」だけである。草が勝手に生えたり木が光や体の安定を求めて枝を伸ばしていく「自然の論理」は完全に排除されている。

かつてぼくの娘が幼かったころ、母親が娘にイチゴを食べさせようとした。ヘタをとってきれいに洗ったイチゴをボウルに盛り、「さあ、イチゴを食べなさい。果物は体にいいのよ。ほら、早く食べて！」。母親はしきりにせきたてるが、娘はいっこうに食べようとしない。「ほら、早く！」。母親はいきりたつ。

ぼくはふと考えてそのボウルを手に持ち、イチゴを庭先にばらまいた。庭には雑草が茂るにまかせてある。それぞれの草がそれぞれの季節に思い思いの花を咲かせ、実をつける。それが楽しいからだった。イチゴはそれらの草のかげに散らばり、一瞬にして上からは見えなくなってしまった。すると、娘がはだしのまま庭に降りた。そして草の葉を手でのけながらイチゴを探しはじめた。「あったあ！」。草かげに見えた赤いイチゴを、娘は目を輝かせてつまみあげ、口にほうりこんだ。「またあった！」「あ、またあった！」。こうして娘はイチゴをみんな食べてしまった。

ぼくは思った。今はこの「探す楽しさ」が忘れられているのではないか？

昔、人類はこうやって木の実や果物を探して食べていたにちがいない。食べなければ飢えてしまうから、なんとか食べるほかはない。けれど、探すことが辛《つら》くてたまらないと感じられたら、探すのをやめてしまうだろう。それでは人は生きていけない。そこで、探すこと自体が楽しく、見つけて食べるのも楽しいようにものごとができあがっていたのではないか？

都市をすべて偶然に任せるわけにはいかない。しかし人は都市計画によって「与えられた」ものだけでは、けっして心から満足することはないだろう。人間はそのときそのときに漠然となにかを欲する。それを求めたり、探したりするという情緒的なものの大切さを忘れてはならないのではないかと思う。

（『都市計画２０７』1997 Vol. 46/No. 2 日本都市計画学会）

論理と共生

近ごろ、「自然との共生」が流行《はや》りである。どの都市の「町づくり」にも「自然と共生する町づくり」がうたわれている。

しかし、今日の生物学では、「共生」という概念に疑問が感じられている。昔考えられていたように、生物たちは生態系というひとつのシステムを成しているわけではなく、それぞれの種を維持するための社会組織があるわけでもないらしいからである。

すでによく知られた「利己的遺伝子」論が言うように、生物の個々の個体は、それぞれが自分自身の遺伝子をもった子孫をできるだけたくさん後代に残そうと努力している。そのためには他人の子を殺すとか、たとえ自分の子であっても、ひよわで先の望めない子は見捨てて、母乳や食物の無駄な投資を防ぐとか、自分のメスの体内にある他のオスの精子をかき出すとかいう「残酷な」行動も辞さない。助けあって種族を維持していこうなどという様子は見られないのである。

共生と言われるものについても同じである。よく例に出される花と昆虫の場合で言えば、花は自分の子孫（種子）をできるだけたくさん実らせるために、昆虫を利用して花粉を運ばせようとする。蜜をつくるのはコストがかかるから、本当は蜜などつくりたくはない。しかしなにもないと虫が来てくれないから、しかたなくすこしだけはつくる。それをできるだけ吸いにくくして、虫が努力している間に花粉がたっぷり虫の体につくようにしている。

昆虫のほうは、植物のために花粉を運んでやる気などさらさらない。欲しいのは蜜だけである。けれど植物のほうが蜜を花の奥深くに隠しているから、懸命になってもぐりこんでいくか、口吻《こうふん》を長くして吸いやすくするほかない。

進化の長い時間の間、花と昆虫の間で、このように「利己的」なせめぎあいが続いた結果、今日見られるような花と昆虫のみごとな「共生」ができあがった。昆虫が口吻を長くして、遠くからでも蜜が吸えるようになっていくにつれて、花のほうも細く長く形を変えて、昆虫の頭の先にいやでも花粉がついてしまうように進化した。だから今日の「共生者」たちは、お互いにうまく適合している。しかしそれは、はじめから互いにうまく助けあいましょうね、と言って始まったことではないのである。

このことを念頭に置いて、流行りの「共生ファッション」を見ていると、いったいこれでよいのだろうかと心配になってくる。これで本当の共生が実現できるのだろうか？

今述べたとおり、自然界での「共生」は、互いの利己のせめぎあいの上に成り立っている。人間が建物を建てるのは人間の利己である。人間の目的に沿うように、そして多くの場合、建築家のアーチストとしての満足感を満たすように、建築物は建てられる。

問題なのは、これがまったく一方的で、そこになんのせめぎあいもないことだ。

これも近ごろ流行りの「環境にやさしい」「地球にやさしい」建築物は、環境との調和をはかったとか、環境を汚染しないように配慮した建物ということであるように見える。けれど、ここで言われる環境とはなんなのか？

考えてみると、環境とはきわめて漠然としたことばである。必ずしも自然を意味してはいない。大都市の中心部だったら、ビル街が「環境」である。田園地帯だったら、人間が開いた田んぼが「環境」である。けれど、ふつう「環境」と言うときには、多少とも自然なままの林とか山とか川とかを指していることもたしかである。だからそこに人間の手が入ると「環境破壊」と言われるのだ。

多少とも自然な環境の中では、どのようなことが起こっているのか？　そこでは生物たちの整然と調和した営みがおこなわれているのか？　残念ながら、けっしてそういうわけではない。そうではなくて、はじめに述べたような、個々の個体のきわめて利己的な闘いがたえず展開しているのである。

もちろん、食う食われるという闘いもある。生きものたちにはさまざまな敵がいるから、それはきわめて厳しい世界である。しかしそればかりではない。同じ種の仲間は、敵ではないが、油断のならない競争相手である。せっかく手に入れたメスが盗まれるかもしれない。やっと手に入れたえさをかっさらっていかれるかもしれない。こういう激しい競争の中で、それぞれの個体は自分自身の子孫を残そうと必死になっているのである。

これは自然の論理であって、人間が建築物を建てるときの論理とはまったくちがう。

人間が建築物を建てるときは、土地を更地にして、そこに建てる。建物の下から木が生えてきたりしたら、それこそ困る。そして建てた建物からは、自然の影響を極力排除しようとする。屋根や屋上に草が生えたら困るし、スズメが巣をかけても困る。そのようなことのない設計をせねばならない。これは人間の論理であって、建築物をつくるなら当然そうでなければならない。

問題は、建物のまわりである。環境にやさしく、自然にやさしくというのなら、建物のまわりは緑にしなければならない。

人間の論理と自然の論理のせめぎあいを期待するなら、ここしかない。

ふつう、緑というとまず芝生だ。これはたしかに緑ではあるけれど、自然の論理は完全に排除されている。芝生があっても、いろいろな草の種子がたえず風で飛んでくる。芝の間に落ちた種子は芽を出したい。芽を出して、花を咲かせて、自分の子孫を残したい。しかし、人間の論理は芝生を管理して、美しい芝生として保とうとする。そこで、生えてきた「雑草」は引き抜かれてしまう。

芝生には木も植えたほうがよい。そのほうがいかにも自然らしく見える。しかし、この木も管理せねばならぬ。整然とした庭木を配してこそ造園である。ここでも人間の論理が勝って、自然の論理はつぶされる。したがって、二つの論理のせめぎあいは起こり得ない。

自然界に見られるみごとな「共生」が、じつは二つの生物のもつ異なる、そしてそれぞれに利己的な論理のせめぎあいの結果として到達されたものであるとすれば、人間の論理だけでつくりだされた緑の庭は、けっして共生とは言えない。それは擬似共生にすぎない。人々が擬似共生を共生だと思いこんでしまうようなことになったら、人間と自然、人間と環境の共生など、ますます遠のいてしまうだろう。

人間の論理だけが論理ではない。建築の論理だけが論理ではない。自然には自然の論理がある。そして、生きものたちの論理は、基本的にはひとつであるけれども、具体的にはそれぞれにみな異なっている。空をうまく飛ぶことによって自分の子孫を残そうとしている鳥と、地中にトンネルを掘ってそこを自由に動きまわって子孫を残そうとしているモグラとでは、論理はまったくちがっている。

人間は人間の論理で生きてゆくほかはない。建築は建築の論理にしたがってゆくほかはない。しかし同時に、そこにはほかの生きものたちの論理があり、自然の論理もあるのだということを忘れてはなるまい。

人間以外の論理はつぶしてしまったほうが楽であり、そのほうが整然として美しく見える。しかし、共生とは、異なる論理のせめぎあいの中で生まれてくるものであり、そうであるからこそ、そこに従来のとは異なった新しい美も生まれてくるのかもしれないのだと思う。

（「E⊃H REPORT」1995 AUTUMN No. 4）

「人里」をつくる

「人間が自然の中に集落をつくって住む。道をつくって車も通るけれど、車があまり通らないへりのほうには適当に草が生え、それを食べる虫も適当に住みついて、というとになってゆく。そうすればホタルも姿を見せるだろう。田んぼも冬はほうっておけば、そこにまたなにかが住む。人間がそこで耕作をして、山の木も生えてきたぶんだけを切っていれば、また若枝が伸びてくる」

これは、以前ぼくがどこかで語ったことばの一部である。

人間が住み、なんらかの活動をしてゆく中で、人間の住み場と自然との接点に生まれる新しい場――それが人里である。

「自然を守れ」という人々からすれば、人里は明らかに本来の自然ではない。しかし不思議なことに、人間はそこに自然を感じる。それは「人間なんてちっぽけなものだ」と思わせるような人を圧倒する自然ではなく、なんとなく人の心をなごませるような自然なのである。

人里がなぜ心なごませるのかはぼくもよくわからないが、人里はとにかく明るく開けた感じがする。深い原生林の暗く湿った状態とはまるでちがう。そして人里は多様である。果てもない大草原とは異なって、さまざまな木が生え、それぞれに花を咲かせ、実をつけている。そしてすこし奥へ行けば、深く茂った林になり、森になる。この明るさと開放感、そして目を飽きさせない多様さが人里の特徴なのだろう。

そしてなによりも人里は「自然」なのである。たまたまそれは人の手によってつくられたものであるとはいえ、まったくの自然の中でも同じような場は出現しうる。たとえば深い森林の中で、一本の大きな老木が倒れたとしよう。そこには日があたるようになり、それまで暗い木かげの下草として生えていたのとはまったくちがう、日射しの好きな草がたちまちにして茂りはじめる。陰樹のかげになった地中で一〇〇年近くも眠っていた、いわゆる陽樹の種子が、降りそそぐ日光にうながされて芽を出す。

こうして生まれた明るく開けた場所は、それまでとはまったく異なる様相を示す自然となり、この新しい姿の自然と、それを囲む「今までの」自然とが移行してゆくところには、日射しの強さへの好みの異なるさまざまな植物が生え、それぞれを食物とする昆虫がどこからともなく集まってくる。

このようなところをエコトーンと言う。エコトーンは多様性をはらんだ環境であって、さまざまな植物が育っている。林や森につらなる部分には高く茂った木。その林床には日かげをとくに好む草がまばらに生えているだけである。そのような草はけっして派手な花は咲かせない。日もほとんどあたらないから、日なたの好きなチョウは飛んでいない。

しかし、エコトーンは移行の相である。このようなかなり暗い林に続いて、もっと明るい林がある。

この林は若い林である。そして日あたりを好む林である。木々はまばらで、とにかく若い。開けた梢《こずえ》を通して、日光が降りそそぐ。だからそこには、日射しを好むいろいろな草が生える。そして思い思いにさまざまな花を咲かせる。

明るく日があたるので、そこには日なたを好むチョウが飛んでくる。チョウは目で花を見つけて蜜を吸う。そのために、そこに咲く花はよく目立つ美しいかわいらしい花である。それは、そこにチョウがいるからであり、そしてチョウがいるからこそそのような花を咲かせる草が生えるのである。チョウはそういう目立つ花がなければ蜜を得ることができないし、そういう花はチョウがいなければ花粉を媒介してもらえないからだ。

花に依存して生きているのはもちろんチョウだけではない。ハチもハエも、甲虫そのほか多くの虫は、花の蜜や花粉に頼って生きている。したがって、エコトーンにはそのような昆虫たちが集まってくる。昆虫たちが集まってくれば、当然ながらその昆虫たちを食べる動物も集まってくる。小鳥、クモ、カエル、トカゲ、そして昆虫を食べる昆虫。

こうしてエコトーンはさまざまな生きものたちをひきつける。

エコトーンは、環境の状態が移行する場所である。それはしたがって、けっして広大な面積にわたることはない。エコトーンが幅何百キロにわたって広がるということはあり得ないのである。

人里はまさにこのようなエコトーンなのだ。人里の特徴、そして人里のもつ心なごむ景観は、人里がエコトーンであるがゆえに生まれるのである。

人が手を加えない自然の中で、エコトーンはつねにそれまでそこにあった姿の自然の再生、更新の場として存在している。いろいろな理由から深い針葉樹林であった場所に生じたエコトーンは、ほうっておかれればしだいにその姿を変えていって、いずれは深い針葉樹林を再生するだろう。老木は枯れて倒れるであろうが、いずれはあとから育ってきた木によって更新されるだろう。そして、そのエコトーンに生きていた植物や動物は、また別の場所に生じた新しいエコトーンへと移り住んでいくことであろう。自然ではいつもこのようなことが起こっている。

重要なのは、そこで起こっていることはすべて自然の「論理」にしたがったものだということである。

老木が倒れたり、雷で山火事が生じたりするかわりに、人間が住みついて林を切り開いても、同じような事態が生じる。そこには新しいエコトーンが生まれ、それまでの自然の再生のプロセスが始まる。

純自然の場合と異なるのは、人間がこの自然の再生を嫌い、つねにそれと闘ってきたことである。その結果、自然の再生は完成することなく続けられる。そして、人間のそれに対する闘いも続けられてきた。

この闘いが続いている間、エコトーンはもとの自然の再生による最終的な消滅に至ることなく維持される。この状態が人里なのである。人間はもとの形での自然は破壊されたかもしれないが、新しい様相の自然を生じさせ、しかもそれをほぼそのままに維持するというはたらきをすることになった。人里はこのように特異な自然なのである。

人里においては、人間が人間の意図にもとづいて、そして人間の論理にしたがって、自然に変化を加える。しかし、自然は自然なりに、自然の論理にもとづいて押し戻してくる。この押し合いが続く間は、エコトーンとしての人里は維持される。

人里は心なごむ自然であり、人はそこに自然を見、そこから自然の論理を学ぶことができる。自然の論理を知ること――それは今日の人間にとってきわめて大切な意味をもっている。ぼくが「人里をつくろう」と訴えているのもそのためである。

では、人里をつくるにはどうしたらよいのか。それは人間の論理の無理押しをしないことである。自然が自然の論理で押し返してくるのを許すことである。

人間はしばしば自然の巻き返しを嫌い、自然の論理を徹底的につぶしてしまおうとする。道は完璧に舗装し、側溝は水を流す目的だけのためにコンクリートで固める。林の木の侵入を食い止めるため芝生にして、それを維持する。そしていかにも自然らしく見えるように植木を植え、その植木はこぎれいに剪定《せんてい》する。

このようにして生じるものは人里ではなく、たんに擬似人里、人里もどきにすぎない。人里もどきには自然の論理ははたらいていない。わずかながらはたらくとしても、人間は人間の論理にしたがって、自然が生やした草を刈り、虫を退治する。一見、自然のように見えても、そこに自然はない。徹底的に人間の論理で貫かれているからである。今、あちこちでつくられている「自然の森」や「水と緑の公園」は、そのほとんどすべてがこのような人里もどきであると言ってよい。

なぜそれがいけないのか？　それは人間が「自然界のバランス」を崩しているからだ、と考える人がいる。残念ながらそうではない。人間が「自然と共生する」姿勢を忘れているからだと言う人もいる。これも残念ながらあたっていない。

「自然界のバランス」「自然と人間の共生」というようなことはよく言われる。いかにも人を納得させるひびきをもったことばである。けれど、近年の動物行動学あるいは行動生態学の研究を見ていると、どうもそのようなものはわれわれの幻想にすぎなかったのではないかという気がしてくる。

昔の生態学は、自然界のバランス、生態系（エコシステム）の調和、ということを強調した。そして、人間がこのバランスを崩さないようにすれば、自然と共生していると考えた。しかしこの一〇年、二〇年ほどの間に明らかになってきたとおり、自然界の中では、動物も植物もそれぞれの個体がそれぞれ自分自身の子孫をできるだけたくさん後代に残そうとして、きわめて利己的にふるまっているように見える。かつて信じられていた「種族保存のためのシステム」というものもなく、個体がそれぞれ他人を蹴落《けお》としてもいいから自分だけは子孫を残そうと、きわめて利己的にふるまっている結果として、種族が維持され、進化も起こるのである。「自然界のバランス」なるものも、そこになにか予定調和的なバランスがあって、自然はそれを目指して動いている、というようなものではけっしてない。ある個体が自分の利己を追求しすぎると、そのしっぺ返しを受けて引き下がらざるを得ない。こういう形で結果的にバランスが保たれているにすぎないのだ。

自然界に見られる「共生」についても同じような見方ができる。花と昆虫のみごとな共生に、われわれは心を打たれる。けれどこれも、花と昆虫が「お互いうまく生きていきましょう」と言ってやっていることではないらしい。花は昆虫に花粉を運んでもらえばよいのであって、つくるのにコストのかかる蜜など提供したくはない。昆虫は昆虫で、自分たちの食物である蜜を花からできるだけたくさん奪えばいいのであって、花粉など運んでやるつもりは毛頭ない。

この両者の「利己」がぶつかりあったとき、花はますます精巧な構造を発達させることになった。できるだけ少ない蜜を提供しつつ、なんとしても昆虫の体に花粉がついて、昆虫がいやでも花粉を運んでしまうような花の構造ができあがっていったのである。

人間も動物であるから、利己的にふるまうのは当然である。しかし、動物たちは利己的であるがゆえに、損することを極端に嫌う。浅はかに利己的にふるまいすぎてしっぺ返しを食ったときに、やっとそれをやめるのではなく、もっと「先」を読んでいるらしい。どのようにしてそれを予知するのかわからないが、これはどうも損になりそうだと思ったら、もうそれ以上進まないのである。その点では、動物たちのほうが徹底して利己的である。きわめて賢く利己的だと言ってもよかろう。

人間はじつに浅はかに利己的であった。しかしこれからは自然が自然の論理でふるまうのを許せるぐらいに「賢く利己的に」ふるまうべきではなかろうか？

（「hiroba」Aug. 1995）

第三章　そもそも科学とはなにか

動物行動学が提出した問題

動物行動学とはどういう学問かということをよく聞かれる。

かんたんに言うと、動物行動学は大きく四つに分けられる。

まず、動物の行動がどういうしくみで起こるかということ。次に、ある行動をすると、結果として動物にとってどういう得があるかということ。また、生まれたばかりの赤ん坊はなにもできないけれども、おとなになるとそこそこのことができるようになる。それはおとなになれば自然にできるようになるのか、それとも学習の結果なのかという、一匹の動物における行動の発達の問題。最後に、昔の動物はそんなに巧みな行動をしていたのではないだろうから、行動は進化しているはずだ。体の形が進化するのとは別に、行動が進化するとはどういう具合になるのか。

しくみ、機能、発達、進化という四つの柱。動物行動学は、動物の行動のそういうことを研究する動物学の一分野である、ということになっている。

アメリカでは心理学を行動科学と言う。けれども、同じ「行動」ということばがついていても、行動科学と動物行動学はまったく別の学問である。行動科学は、行動を通じて心がどうなっているかを知ろうとする学問である。また、心理や行動も学習していくものだという認識に立っている。

ところが、動物行動学のほうはそうではない。動物行動学では、動物はそれぞれの種によってどういう行動をするかが遺伝的に決まっていると考える。もちろん学習もするけれども、いちばん大事なところは遺伝的にそれぞれの種で決まっているという認識である。研究の対象になるのは行動そのものである。行動科学の場合、ネズミはなぜ、なんのためにこういう行動をするか、ということは研究しない。けれども動物行動学ではまさにそれが問題になるのである。

また、行動科学では主にネズミを研究材料に使うけれども、ネズミは人間のかわりで、学者がネズミという動物に興味をもっているわけではない。ネズミを使って人間の心を知ろうとしているだけである。しかし、たとえば動物行動学としてネズミの研究をするのは、ネズミという動物、あるいはネズミの行動に興味があるからである。

そこが根本的にちがう。タヌキはどうしてあんな行動をするのか、昆虫はどうしてあいう行動をするのか。学習しているのか、していないのかという研究をしていく。人間も含めてそういう研究をおこない、そこから動物の行動がどういうものであるかを知ろうとするのが、動物行動学である。

動物行動学の変遷

動物行動学という学問ができてから数十年たつ。その間に、ローレンツたちが考えていたことはがらりと変わってしまった。同時に、生物学自体ずいぶん変わってきた。つまり、最初の近代生物学は、要するにメカニズムの学問だった。どうしてその生きものはこういうことをやって生きていられるかという、しくみの研究である。たとえば動物の体はどうしてこんなにうまくいっているかというと、細胞というものがある。細胞はどうして重要な機能をもつのか。細かく見ると、中には小さな構造がある。それが酵素による化学反応を起こし、できた物質がこういう過程をへてタンパク質になり、そのタンパク質が……、というしくみの話である。運動にしても、たとえば物をとるときには手の筋肉がこう動く。筋肉とはどんなもので、なぜ収縮できるのか……。すべてそういう話だった。

ところが、一匹一匹はそうやって動いているのかもしれないが、世の中にはいろいろな動物、植物の種というものがある。個体はどんどん死んでいくが、新しい個体も次々に生まれて、種は維持されている。種が維持されているしくみは、一匹一匹の中で細胞がどうなっているかということとは、完全にちがう話である。そこで、だんだん関心が種のほうにも移ってきたのである。

ローレンツが考えたのは、こういうことだった。とにかく種を維持するしくみが絶対にあるはずである。そして、行動がそれにもっとも大きくかかわっている。一匹で完結する行動もあるかもしれないが、たとえば繁殖行動には絶対にオスとメスがいなければならない。オスがどれだけうまく行動してもその発信内容をメスが受け取らなければ意味がないし、メスが正しくふるまっていても、オスがそれに対してまともに行動できなければ繁殖は起きない。繁殖が起きなければ、種は維持されない。

結局、行動というものは種を維持するためにある。それらの行動はこういうメカニズムで起こるということで、動物行動学の四つの柱の第一の、しくみが解明される。

しかし、どうしてそのしくみがあるのかというと、やはり種を維持するためである。

たとえば、クジャクのオスがメスを見たときにぱっと羽を広げる。メスの姿を見たことが刺激になるのだろうが、なぜそれが刺激になっているのか。クジャクのメスのどこが刺激になるのかという研究は、いくらでもありうる。しかし、とにかくクジャクのメスを見たときにそういう繁殖行動が起こるというしくみは、やはり種を維持するためにある。

また、オスとメスが社会的、性的な行動としてお互いにあいさつをしあう。それがうまくいかないと種が維持していけないから、種を維持するための行動なのだとなる。さらに、子どものころにはできなかったことが、おとなになるとできるようになる。学習するものもあり、しないものもあるけれども、学習しない動物ではしなくてもやっていけるようになっている。それも結局は、そうしないと種が維持していけないからである。要するに、ローレンツは、動物の行動はすべて種を維持するためにうまく組まれていると考えたのである。

ところが、ここ二〇年ぐらいの間に子殺しといった思いもよらないことがわかってきた。他人の子どもといっても同じ種なのだから、種を維持するためということが正しいのなら、殺してしまうのは変ではないか。種を維持するのに逆効果ではないかと思うけれど、動物たちはみんなそういうことをやっている。

どうも動物たちの個体は、一匹一匹、自分の遺伝子をもった子孫をできるだけたくさん残したいらしい。けれども、ほかのオスが産ませた子どもは殺してしまっていい。ほかのメスが産んだ卵はつぶしてもいい。自分の産んだ卵がたくさんかえればいい。そう考えれば、動物たちのやっていることは非常に筋が通っている、ということになっていった。

みんながそのように行動すると、結局、強くて優秀な、丈夫な子孫がふえていくことになるから、結果として種は維持されることになる。種が維持されていることは事実だが、それは、それぞれが自分自身の子孫を残すため必死に努力していることの結果であって、ローレンツが言ったように、種を維持するために行動がうまく組まれているのではない。一匹一匹は、できるだけ自分の血のつながった子孫をたくさん残すように行動しているのであって、結果として種が維持されるということになる。

しかも、そういうふうに行動していくと、よりよい個体のほうがまたさらに子孫をたくさん残すだろうから、種は進化する。ところがはじめから種を維持するために行動が組まれているとなると、むしろ種は停滞してしまう。そうすると、今まで進化が起こってきたことの説明とは矛盾することになる。結局、「利己的遺伝子」説のほうが、より妥当なのではないかということになってきたのである。

「利己的遺伝子」説

すると、そこからいろんな問題が出てくる。つまり、種の維持が最終的な目標ではない。それはたんなる結果にすぎない。一匹一匹は、自分の血のつながった子孫をできるだけたくさん残そうとしている。これはある意味では利己主義である。では、自然界は利己主義と利己主義がぶつかりあうすさまじい世界になっているかというと、意外にそうではない。動物たちは本当に利己的なので、あまり自分自身を危険にさらすようなことは、損だからやらない。相手は殺してしまったほうがいいのかもしれないが、殺そうとすれば自分が殺されるかもしれないから、そういうリスクは冒さない。するとと殺しあいも起きない。みんながすごく利己的なのにもかかわらず、全体としては助けあったり相手を立てたりすることになり、そうめちゃくちゃにはなっていないこともわかってきた。

結果として、自然界にはなにか調和があるように見えてくる。昔の生態学では、生態系の調和とか自然界における数のバランスなどをさかんに強調していたけれども、それは自然界の調和を守るためにそうなっている、という言いかたをしていた。ところがどうもそうではなくて、やはりこれも結果にすぎない。互いが損をしないように行動し、主張できるところはどんどん利己を主張していくと、結果としてある形の調和があるような具合に収まってしまうだけだ。

これは二〇世紀前半で考えられていた自然観を大きく変えたことになる。つまり、種のために個体が存在しているが、全体の目的は種を維持することであるという話が、全然そうではなかったということだ。自然界にはある種のバランスと調和があるだろうと思われていたが、どうもそんなものはなくて、バランスは結果であるということになると、たとえば、「生態系の調和を乱すな」というスローガンは行き場を失ってしまう。みごとな共生という話も、じつはみんなが利己的にせめぎあった結果として収まったところが共生に見えるだけだとすると、「自然と人類の共生」をうたっても、どうしたら共生できるのかというのは難しい問題になる。

要するに、二〇世紀前半から後半にかけての思想、あるいは自然観、人間観、世界観、動物観などががらりと変わったことになるのである。

しかし、世界観が変わるということで言えば、ローレンツが動物行動学という分野を開いたときにも、それはすでに起こっていた。それは、パブロフの条件反射学やアメリカの行動科学（行動心理学）に対する時代思想の転換の問題であった。それまでは、ほかの動物たちはみんな本能で生きているかもしれないけれど、人間はちがうという思想であった。けれどもローレンツは、人間も含めて、動物の行動は遺伝的に組みこまれていると言った。マイナーな変化はいろいろあるかもしれないが、基本的なところはそうなっている。彼は「組みこまれている（built-in）」ということばを使ったが、その後、それほど固定的でもないことがわかったので、「プログラムされている」という表現に変わってきた。

そうなると、人間は思慮分別があってさまざまなことを学習しているように見えながら、どうも昔から同じようなことをしているが、それもプログラムのせいだということになってきた。しかも、ほかの動物と人間とは根本的に同じである。それだけでも以前の人間観とは大きなちがいが生まれた。

ローレンツたちがノーベル賞をもらったのは、おそらくはそういう功績からだったのだろう。ところが、それがまた変わってしまったわけである。

自我の問題から社会まで

どうして一匹一匹の動物は、自分自身の子孫を残そうとするのか。彼らは自分の子孫がどうなるか、わかっているはずはない。にもかかわらず子孫を残すことに熱中するのは、遺伝子が生き残っていきたいと「思って」いるからだと考えればわかる。生き残っていきたいと望んでいるのは遺伝子の集団なのであって、ぼくならぼくの中にいる遺伝子の集団は、自分たちは生き残ってふえていきたいと「願って」いる。子どものうちに病気で死んでしまうと困るから、なるべくそうならないように一生懸命に、なんとか育つようにしくむ。

そうして大きくなってきたら、遺伝子たちはふえていきたい。それにはぼくが子どもをつくらなければいけない。子どもをつくらせるためには、ぼくが女に関心をもつようにさせなければならない。結果的に子どもができたら遺伝子は万々歳である。本当はひとりではなくて、三人も四人も子どもをつくってくれれば、遺伝子は安泰である。そういうふうになっているのだと考えると、種の話などはどこかへ飛んでしまう。種が維持されているのは結果である。しかも、ぼく個人がなにをしているかというと、遺伝子たちがもっているプログラムによって動かされているにすぎない。

するとぼくの自我というのは、なんなのだろう。自主的な判断とか言うけれど、そんなものは細かいところだけの話で、基本的にぼくを突き動かしているのは遺伝的プログラムだということになる。だとしたら、個人の尊厳はどこにいってしまうのか。そうなってくると、近代の哲学者や科学者が考えていたことはどうなるのか、大問題である。現在、まだ答えは出ていないが、要するに、最近の動物行動学が出してきた概念は、どんどんつきつめると、哲学の問題までかかわってくるのである。

人間も動物も、男と女がいる。男と女がいるからおもしろいといえばおもしろいけれど、ややこしいことも起こる。ジェンダーの問題をはじめ、法律的にも、社会的にも、さまざまな問題が出てくる。なぜ男と女がいるのかという話になるけれど、結局これも遺伝子のたくらみである。

生物には、まわりから病原体や寄生虫といったあまり好ましくないものがついてくる。そういうものに対して少しでも抵抗力のある突然変異ができたときには、できるだけその遺伝子を取りこみたい。しかし、クローンのように同じものが生まれてくるのでは、取りこみようがない。オスとメスがいれば、遺伝子は性的な過程で入り混じっていく。その過程で、抵抗力のある遺伝子を早く取りこめる。結果的に、その遺伝子の集団は得をするわけである。それでわざわざオスとメスとつくって、いつでも遺伝子が混ざりあわなければいけないようにしてしまった。そのためにオスとメスがあるのであれば、男と女がいることも遺伝子のたくらみだということになる。

経済も同じである。社会主義経済はどうしてだめになったか。経済学的な理由は、いろいろ考えられる。しかし、つまるところ社会主義経済は、そこに働いている個人やそれぞれの組織が社会主義国家ソビエト連邦（当時）を維持するために奉仕するというシステムをとっていた。個人の利己的な欲求は求めないことでうまくいくと思っていたのだけれども、じつはそうではなかった。それをやればすべてが停滞するというシステムをつくっていたようである。

資本主義経済にも悪い点はたくさんある。会社が倒産すれば失業者も出るし、貧富の差も大きい。けれども、企業は自分の会社のシェアをふやすために厳しい競争をやっているわけであり、結果として、いろいろな功罪はあるけれども、資本主義経済社会はなんとか生き残っている。どちらがつくった商品がいいかと言えば、資本主義経済社会でつくった商品のほうが優れている。しかも、それはどんどんよくなっていく。

もちろん悪い点もあるけれども、社会主義経済のもとでつくられたものとは質がちがう。そういったことは、経済学だけの問題ではなく、もう少し根本的な問題とかかわっているのかもしれない。

つまり、われわれが近代において奉ってきたような考えかたが、みんな壊れてしまうわけである。動物行動学は、それくらい大きなインパクトのある概念を、ここ二、三〇年の間に打ち出してきた。

ぼくが五十数年前に動物学科に入ったときに、動物学は、人間の未来や本性とは、なんの関係もない学問だった。ところがそういうところまで話がいってしまうと、動物学のある分野から出てきた着想のようなものが、哲学的なものを含めた現代の社会と文化に大問題をつきつけていることになる。動物行動学が提出した問題は、非常に大きい。それが、動物行動学のおもしろさではないだろうか。

ファーブルなんて「愚の骨頂」だった

ぼくがファーブルを本格的に読んだのは、中学生のときである。子どものころは『少年少女ファーブル昆虫記』などを読んではいたが、本当のファーブルの『昆虫記』そのものは、大杉栄《おおすぎさかえ》という社会主義者が獄中で翻訳したと言われる『ファーブル昆虫記』があったので、それを読んでいた。読んでみて、非常に感激した。

それまで昆虫を捕ったりして見てはいたけれども、そんなにいろいろなことをしているとは思わなかった。ところが、ファーブルの『昆虫記』を読んでいると、虫たちは、いろいろと細かいことをしている。それに驚いた。けれど、そんなことは嘘《うそ》だろうと思って見ていると、虫は本当にそういうことをやっているのである。それは本当に驚きだった。それ以来、昆虫が好きになった。昆虫以外の動物でも、見ているといろいろなことをやっているなということがわかる。

昔は、ファーブルの書いていることはまちがっているとか、あまり科学的でないとか、想像が多すぎるなどと言われていた。ファーブルが進化論に反対だったことも批判された。

たとえばハチが獲物をつかまえる。つかまえて、脳に針を刺して、麻酔させてしまう。生きてはいるが動けないようにして、それを持って帰り、自分の幼虫の食物にする。それが、じつにみごとにスパッと刺す。こういうことが進化するなんてことがあるかと、ファーブルは何度も書いている。

ダーウィンの進化論で言うと、はじめにいろいろやってみて、そのうちにだんだんうまくやれるものが出てきた、ということになる。そんなことがあるわけがない。まちがえたらそれっきりで、生き残っていけるはずはないと言って、彼は進化論にまったく反対していた。進化論というものを理解できなかったから、ファーブルは生物学者としては認識が低いと言われている。日本の昆虫学者で、「あの人は日本のファーブルだ」と言うと、本人を含めて怒る人がいるのはそのためである。

また、ファーブルには、何回やったらこういう結果になったというデータもない。それは科学的ではないと言われる。そういう言いかたは、科学というものをあまりに狭くとらえているとしか思えないけれど。

日本では、ファーブルは非常によく知られているし、よく読まれてもいる。『少年少女ファーブル昆虫記』というのもあるし、岩波文庫では全部訳されている。ところが、フランスへ行くと、不思議なことにファーブルの本はない。二〇年ほど前には、本屋にファーブルの本はなくて、古本屋に一九二四年に出された本があるというだけだった。

フランス人はみんなファーブルの名前は知っている。けれども、読んだことがある人はあまりいない。なぜだかわからないが、たぶん日本でいちばん読まれているようである。最近ではフランスでもずいぶん見直されて、ファーブルのいたアルマスにファーブル博物館ができたけれども、ぼくがはじめてフランスへ留学した当時は、昆虫の観察をしたり、採集をしたりしていると、「そんな研究をしてなんになる」、たいていそう聞かれたものである。

一般的に、博物学というか、自然誌というか、自然を研究してどんな虫がいるかとか、どんな植物がどこに生えているといったことを調べる自然誌学はフランスのほうがはるかに進んでいる。にもかかわらず、なぜファーブルは人気がなかったのか。

ぼくが考えたのはこういうことだった。フランスという国は経済的にあまり進んでおらず、隣にドイツという工業国家があり、片方にイギリスがある。フランスは豊かではあっても農業国という位置づけで、ド・ゴールが必死になってフランスを近代工業国家にしようとしていた。どうもその時代という背景があったのではないか。とにかく工業に役立つことをやらないとフランスは立ちゆかない。虫を捕っていると、まず必ず、「それから薬がとれるのか」と聞かれた。

同じような話で、農工大でチョウの研究をしていたら、学生から「その研究は日本の農民の幸福となんの関係があるか」と聞かれたことがある。ぼくがいたのは農工大の農学部である。そのころ農業は曲がり角と言われていた。農業なんてやっても、生産性は低いし、あまり経済の役に立たない。それよりも工業で稼いで、食物は外国から買えばよいという時代だった。大学に農学部はいらないから廃止しようという話すらあった。それで、学生たちも先生方も含め、ある意味では神経質になっていたのである。

もうひとつ、近代科学でアメリカに遅れるなという時代でもあった。近代科学でノーベル賞をとるには分子生物学とか核酸、DNAとかタンパク質とか、そういう細かいことをやらなければいけない。

生命の本質を明らかにするのが生物学の目的である。この虫がなにを食っているとか、そんなことはどうでもよい、とにかく生命のもとはＤＮＡだ、ＤＮＡの研究がいちばん大事だ、という話だった。つまり、原則である。生きているとはどういうことかということがずいぶん議論された。とにかく生きていくためにはＤＮＡがあって、情報があって……という話である。個々の虫や個々の草がなにをしているのかはどうでもよい。そんなことを研究してもなんにもならないという認識があった。

それが最近は「多様性」に変わってきた。ＤＮＡがあれば生命があって生きている。一方で、大腸菌がいて、バクテリアがあって、片方にはゾウがいる。なぜこんなにいろいろなものがいなければいけないのか、という話には答えが出てこない。ＤＮＡがあれば生きているのなら、みんな同じ形でいいではないか。みんなＤＮＡがあるけれども、それがまたなぜこんなに多様な姿をしているかということは大きな謎である。これがわからないと、生物学がわかったことにならない。今はその方向に向いている。

しかし昔は「ＥＥエフェクト」という恐ろしい言いかたがあった。Ｅは大腸菌の学名、エシェリキアであるが、「エシェリキアのＥにあてはまることは、エレファント

（ゾウ）のEにもあてはまる」ということである。つまり、大腸菌でなにかわかれば、ゾウのこともわかる。だから、ゾウなんてややこしいものを研究しないで、大腸菌を研究すればよい。その時代は、そういうふうに言われていた。

そういう時代に、ファーブルというのは「愚の骨頂」なのである。暑いところに座りこんで、このハチはいったいなにを捕っているかとか、穴を掘ってなにをしているかとか、そんなことはどうだってよいという話になる。

それが今、見直されているわけだ。物質的な生活が豊かになってきたときに、人間というのはもともと生きものに興味がないわけではないから、虫たちの話をテレビで見たりしたらやはりおもしろい。ファーブルの『昆虫記』も全部読んだ人はあまりいないと思うが、読んでみるとおもしろい。やはり関心の範囲が広がってきたのだろう。

戦後、ラジオで、朝早く、さわやかな気分にしたいというので、富士山麓《さんろく》の小鳥の声を流していた。そうすると、朝早くはニュースや天気予報といった役に立つものを聞きたいのに、鳥がピイピイ鳴いていてもしょうがない、という投書がたくさんあったらしい。今なら、そういうことはないだろう。そういう意味では、日本はかなり豊かになってきたのではないだろうか。

ローレンツは時代の「すこし先」をいっていた

沖縄で海洋博があったときにローレンツが来た。その理由というのがおもしろい。ローレンツの息子トーマス・ローレンツはドイツで生物物理学をやっている。ドイツの教授は森永《もりなが》先生という日本人で、彼はその助手をしていた。森永先生がトーマスに「沖縄へ行って、イカの飼いかたとイカの神経の実験のしかたを勉強してこい」と言った。イカの神経は大きくて長いので、研究に使いやすいらしい。トーマスは、体は大きいが、気が弱い。「ぼくひとりで行って大丈夫かな」と心配していたら、父親のコンラート・ローレンツが「ではおれが一緒に行ってやる」ということになった。それで、どういうコンタクトをとったか知らないが、海洋博にパネリストとして出席し、講演をするということでローレンツが日本に招待されることになった。

それをNHKがいちはやくキャッチして、なんとかローレンツに日本のテレビに出てもらいたいので、ぼくと対談してくれと言う。調べてみると、沖縄の講演が終わり、羽田からドイツへ帰る途中に、二時間か三時間のあきがあった。そこでＮＨＫは、ローレンツを羽田空港でつかまえて、ＮＨＫのスタジオへ連れてきて、急いでぼくと対談して、飯を食う暇もなく、そのまま羽田へ送り出した。それがぼくとローレンツとの初対面だった。

あとでローレンツに聞いたのだが、対談をそばで聞いていたトーマスが、「お父さん、プロフェッサー日高と東京でやった対談は、今までお父さんがやった対談の中でいちばんよかったよ」と言ったらしい。「息子が非常にほめていた」とローレンツはとても喜んでいた。その後、「ＮＨＫスペシャル」という番組でローレンツを取材することになり、ドイツのローレンツの家を訪れることになった。一九八〇年のことだ。

ローレンツはもともとは自分の家で、庭にいろいろな動物を放し飼いにして観察していた。だから動物がしょっちゅう家の中に入ってくる。『ソロモンの指環』（早川書房）に書いてあるが、ふつうの家では「窓を閉めてくれ、鳥が出ていってしまう」と言うが、ローレンツの家では反対で、「窓を閉めてくれ、鳥が入ってくる」となる。そういう状況でつぶさに動物を観察していた。すると、どうしてこんなことをやるのかわからないという行動がたくさんあった。

なぜだろう、なぜだろうと思いながらずっと見ていくうちに、動物たちの行動というのは、人間の手の指が五本あるのと同じように遺伝的にもともと決まっていて、それがあるきっかけでぱっと行動に出るのだ、ということに気づく。けっして心理学で言っているように、あるいはパブロフの条件反射で言っているように、次々に学習して覚えていくというものではない、と主張した。これが動物行動学のいちばんの基本である。

一九三〇年代のことであるから、そういう考えかたはものすごく古いと受けとられ、ローレンツは保守反動のように言われていた。当時の思想は、人間も含めて動物は、学習して行動がどんどん進歩していくというものだった。それが、遺伝的にもともと決まっているというと、進歩も発展もないことになる。けれどそれから二〇年以上たって、DNAがどんなものであるかがわかってきたときに、遺伝子が非常に大事で、基本的にはみなそれで決まっているのだということになってきた。そうなってみると、ローレンツの言ったことは非常に現代的だったわけである。およそ古くさい、固定的な保守反動の親玉のように言われていたのが、じつは非常に現代的だったということになってきた。ローレンツがノーベル賞をもらったのも、そういうことだったのだろう。

人間が自然をどう見るかという見方は、時代精神を反映するものである。ダーウィンの進化論にしても、イギリスで産業革命が動き出して、神様がおつくりになったとおりに世の中があるというのではどうも間に合わなくなってきたという、社会全体の感覚が動いていった中で生まれてきたものだ。だから反響を呼んで広まったわけである。ダーウィンは、動いている時代の中のちょっと先をいっていたわけだ。

ただろう。ダーウィンのようなことを二〇〇年前に言っていたら、変人扱いされただけだっ

ローレンツも、ある対談で「あなたは天才ですね」と言われたときに、こう答えている。「いや、本当の天才というのは長い間、世の中に認められないものです。そういう意味では私はそうではない。私が言ったことは間もなく認められる。ということは、私は大した天才ではないということです」。

NHKのテレビの対談では、いろいろおもしろい議論をした。たとえば、ローレンツが「歴史に学ばなければいけません」と言うので、ほくが「しかし、そもそも人間は歴史に学べるものですか」と返したら、「たしかにそうだ。歴史からわれわれが学

べることは、歴史からはわれわれは学べないということです」と言った。

われわれは歴史を学んでいる。しかし、現象的に多少ちがうにしても、同じようなことをまたやっている。ということは、歴史から学んでいないということなのである。ただ、あまり学んだらなにもやることがなくなるかもしれないから、それでもいいのかなという具合にぼくは思っているけれども。

ほかの動物はどうか知らないが、人間は、人間とはそういうものだということを認識できる。それならどうしたらよいかということも、少しはわかるはずである。そのためにはいろいろなことを知っておくことは大事だし、もしも人間が誇るとすれば、いろいろなものを客体化して、人間自身ももういちど改めて突き放して考えてみることができることだろう。

二〇世紀に人間は、あまりにきれいごとを言いすぎてきた。人間は崇高で、賢い存在だということばかり強調してきた。しかし、それにしては戦争がいつになってもなくならない。どうしてこういうことになっているのかということを、そろそろ考えてみないといけないのではないか。あまり人間とはすばらしいものだというところから出発すると苦しくなるから、もうすこし楽にしたらいいのではないだろうか。

科学でなにが得られるか？

ぼくが学位論文で研究したのは、アゲハチョウのサナギが、ついている場所によって緑色になったり茶色になったりする、要するになぜ保護色になるのかということだった。結局、ホルモンが関係していることがわかって、新しいホルモンをひとつ発見し、それはどういうふうに分泌されるのか、ということまで調べた。

緑色の枝についているときは緑色のサナギになるが、そういうときには緑色の葉っぱのにおいなどの条件がいくつかあって、それがホルモンの分泌を抑える。このホルモンはサナギを茶色くするホルモンなので、サナギは緑色になる。枯れ枝についてサナギになったときには、ホルモンが出て、茶色いサナギができるのだ。

アゲハチョウの場合は、葉っぱの青くさいにおいがいちばん大事である。モンシロチョウの場合は、においは関係なくて、ついている葉っぱが緑色をしているという、色に反応して緑色のサナギになる。このときには緑色にするホルモンが出る。緑の葉っぱではなく、枯れ枝や板塀につくと、緑ではないから茶色くするホルモンが出て、茶色いサナギになる。同じチョウでもしくみはこのようにちがっていて、一筋縄ではいかない。最終的に保護色になるというところだけは同じであるが、そこに至る経路はみんなちがうのである。

昔はひとつの原理があって、みんなその原理にのっとってやっていると思っていたけれども、そうではない。たとえば人間がやっていることは、ほかの動物がやっていることとはちがう。食べるものもちがう。しかし、とにかくなにかを食べて、自分の体を維持して大きくなっていく。そのときに葉っぱを食べるものもいれば、シデムシのようにほかの動物の死体を食べるものもいる。たとえばシデムシの場合には、ぼくらが食べたらとたんに中毒を起こすような死体を食べても中毒を起こさないようなしくみがあるのだろう。そんなふうになっているけれども、なにか栄養をとって育ち、子どもをつくっていくということは同じである。

植物は、葉っぱがあって、光合成をして、二酸化炭素からデンプンをつくる。そのために緑の葉っぱが必要というのは共通だ。だとすれば、葉っぱはみんな同じ格好をしていてもいいはずであるが、いろいろな形の葉っぱがある。なぜそんな形をしているのかというのがおもしろい。そういうことを考えはじめるときりがないのだけれど、そのきりがないところで、もう一段上のことを考えないといけない。

つまり、こういう形の葉っぱは風がよく吹くところにあるとか、それから、異常に固い葉っぱは、虫に食われないようにそうなっているなど。しかし、薄い葉っぱでも虫に食われないのがいる。それは毒をつくっているからだ。そういう形で話の筋が通っている。だから、一本の筋でいくというものではない。

科学がなんの役に立つかということをよく聞かれる。いろいろな形で役に立つのだろうが、いちばん大きいのは、すこし大げさに言えば、ある種の哲学である。自然観、つまり自然をどう見るかというところにつながっていくのである。

進化論は生物学の非常に重要な成果であると言われる。片方では、科学の研究、たとえば生物学はなんの役に立つのかという問いがある。では、進化論はなんの役に立っているのだろうか。進化論で新しい機械が開発されたり、あるいは進化論を応用して薬がとれたとか、そんなことはなにもない。けれど進化論が出てきたことにより、世の中は神様がおつくりになったままで来たのではないのだ、進化ということがあって、昔から地球上の生物は変わってきたのだというふうに、ぼくらはものを見ている。つまり、ものの見方が変わったわけである。これは哲学ではないか。

生物も、昔はいなかったものが出てきた。あるいは恐竜は今はいないが、昔はいたのだとか、それをぼくらは今ふつうに受けとめている。それは進化論が出てきたから、そういうふうにものを見るようになったわけである。これは、ぼくらのものの見方からすれば大転換であろう。人間は食べものだけで生きているわけではないから、ものの見方ということで言えば、進化論は偉大な業績である。

一般的に、科学というのはそういうものだと思う。動物行動学にしても、みんなが同じ筋の上で同じようなことをしているのではなく、それぞれがみんなちがうことをしている。最終的に生きて子孫を残していくことは同じであっても、そのためになにを食べて、どういうふうに生きるかは、ぜんぶちがう。そして、そのそれぞれにまた理屈がある。それを理解すると、人間のやっていることもそういうもののたったひとつにすぎないのではないかと思えるようになる。人間のやっていることが最高で、ほかの動物たちはすこしずつ遅れているのではないということになると、やはり自然の見方も変わってくるだろう。

チンパンジーとゴリラはどちらが頭がいいかと聞かれることがあるが、頭のよさはたぶんちょっとずつちがう。冗談で、チンパンジーとオランウータンに同じ難しい問題を解かせた、というのがある。チンパンジーはアフリカにいるからヨーロッパに近い、西洋人的である。だから三〇分で解いたが、その間、ひょこひょこ動きまわって、いろんなことをやってみた。オランウータンも三〇分かかって解いた。ところが、オランウータンは東南アジアにいる動物だから、三〇分間じっと座っていて、三〇分たったらすっと解いたという。これは、もちろんたとえ話だ。しかし、それに類したことがある。どちらが頭がいいかと聞かれたってわからない。頭のよさのパターンがちがうのだから。

世の中に真理はない

試験の成績のいい人はエリートと言われる。いわゆるエリートを育てるのは教育なのだろうが、教育ということにはじつは大きな問題がある。

それはこういうことだ。つまり、教育というか、勉強というものの中には、個性豊かに育っていくという面と、その逆の面とがあるのである。

たとえば、かけ算の九九を覚えるときだ。9×9は81である。

そこで個性豊かに9×9＝83と主張されても通らない。そのときは、「君、ちがうよ。9×9は81だよ」と言わなければいけない。そういう面が片方にある。しかし、その九九をどう使うかというのはおそらく別の話である。今の試験制度では、9×9＝81ということだけを問題にしているのである。その九九をどう使うかは問うてない。

もうひとつの問題は、試験問題には必ず試験問題をつくった人がいて、その人は正解を知っている。つまりこれはクイズなのである。だから、そのクイズをうまくあてる能力を試験して、順位を決め、偏差値を出す、ということをやっているのである。

そこでは、たくさんあたった人がエリートと言われることになる。けれど、その人は本当に頭がいいのか、なにか新しいものを自分で手に入れて、自分で育っていくことができる人かどうか、ということはわからない。試験の成績のいい人の中には、本当に頭がよくて、いろんなことを取りこんでいく、試験問題もできる、という人もいるけれども、一方で、「試験問題はできる」という人もいる。そういう人がちゃんと育っていっているのかというと、よくわからない。

ぼくは、「世の中に真理なんかない」といつも言っている。実際には、以前はそう言われていたけれども、その後変わったということばかりである。

物理学もだんだん変わってきた。かんたんに言うと、昔は原子というのが究極のものだと思われていた。ところが、原子爆弾の例でわかるとおり、原子も壊れてしまう。壊れたら、ちがう粒子がたくさん出てくる。これを究極の素粒子だと言っていた。ところが素粒子のまたその先がある。そうなってくると、結局、この世の中にこれが本当の真理であるというものがあるのかないのか、よくわからなくなる。科学というのは、次々にものを問うていって、そういうことをしているうちに全体像がおぼろげながらだんだんわかってくるという性質のものである。

宗教というのは、たいていはいきなり「真理」が出てくる。オウム真理教なんて、まさに「真理」をうたっていた。自然科学を勉強したはずのエリートの学生や卒業生たちが、突然、真理教に飛びこむ。ということは、彼らは自然科学というのはどんなものかということをまったく知らなかったことになる。この人たちは成績はよかったかもしれないけれども、なにがわかっていたのかとぼくは思ってしまう。あの事件があった当時、自然科学をやると、ああいう犯罪的な宗教にみんながのめりこむと、よくマスコミなどに書かれていたが、そういうものではないだろう。

人間は、自分はどんな人間なのかとか、自分になにができるのかとか、自分のやっていることはまちがっていないだろうかとか、みんなそこそこ不安をもっている。おとなになると、ずうずうしくなってそういうことはあまり考えなくなるが、若いときはとても不安である。ふつうの人はいつも不安になりながら、不安と闘い、仕事をしたり、生活したりしている。それを、なにかに入るといきなりものが見えてくると思うのは、ずいぶん甘い考えではないか。

以前ある新聞で、自然科学をやっている人がオウム真理教にのめりこんで幹部になっているのをどう思うかと聞かれたので、そういうことを答えた。ああいう事件が起こってきたりすると、日本の自然科学の教育の体系を考え直さなければいけないのではないかとも言われたが、たしかに考え直すべきことはたくさんあるけれども、そういう意味では別に改めなければいけないという問題ではないだろう。そういう返事をしたのである。冷戦構造が解体したからであるなどと説明する人もいたが、そういうことでもない。いつの世の中にも気の弱い人は必ずいる、というだけの話である。

だから、大学で勉強している人は、自分で育っていくことの楽しさをよく理解して、身につけてほしい。講義で聞く話は受け身である。ところが実習や卒業研究になると、教科書に一行で書いてあったことが、実際に自分でやったら、どうやってもできないことがある。しかし、それが大事なことなのである。はたから見たらずいぶんつまらないことで苦労していると思うけれども、苦労してみて、「できた!」というときの喜びがある。そういうものを自分で体験していってほしい。体験ができるような場をつくることはできるけれども、体験はその本人がやることなのである。

幽霊は想像力の欠如の産物

京都では昔からよく幽霊がでる。タクシーに乗ると、すぐにそういう話になる。深泥池《みどろがいけ》という池があって、池のほとりに博愛病院という病院がある。昔は重症結核患者だけを入れていたから、たいてい死んでしまう。池があって、病院があって、そこでしょっちゅう人が死ぬ。幽霊がでるにはもってこいである。それで「深泥池を通ってください」と言うと、「ちょっとお客さん、ごめん」と言われる。「あそこ、幽霊ではるんですわ」と断られてしまう。三台のうち二台に断られてやっと乗せてくれた人も、「あそこはあかんのですわ」という話をしている。

同僚から聞いた話なんだけど、博愛病院のところで若いきれいなお嬢さんがとめたので乗せた。そうしたら、「四条のなんとか小路《こうじ》のなんとかといううちです」と言われた。そこへ行って、「はい、お嬢さん、着きましたよ」と言うと、いない。しかたないので、その家に「すんまへん」と言って入っていくと、「娘はひと月前に死にました」。

そんな話がたくさんある。それを聞いていてわかったことは、全部同僚から聞いた話で、自分が経験したことではないのである。

ところがひとりだけ、本当に怖い目にあった人がいた。その話がすごくおもしろかった。

祇園《ぎおん》のバー街で、夜一一時半すぎぐらいに、和服で日本髪のホステスさんを乗せた。「岩倉です」と言うので「どうぞ」と乗せたら、「運転手さん、うちも酔うとるし、帯きついから、ゆるめたりしてよろしいか」と言う。「どうぞ楽にしてください」と答えると、お客さんは、なにかごそごそやっていたという。

そうこうしているうちに岩倉に着いたので、「着きましたよ」と声をかけると、「もっと奥まで行ってください」と言う。ずっと行って、「どこですか」と聞くと、「もっと奥」と言われる。そのへんで、多少運転手は怖くなってきたらしい。あまり人家もないところへ行って、「こないな奥に家ありますかいな」と言うと、「ありますから大丈夫です」。

行ったらたしかに家があって、「ここです」と言うので車をとめ、お金をもらってお釣りを出して、「こっからどないして帰りますねん」と聞いたら、「もうちょっと行くと左に曲がるところがあるから左へ曲がって、また左へ曲がってずっと行くと、岩倉のほうに戻ります」と言われた。「ああ、そうですか、おおきに」と言ったら「気ぃつけて」と言われ、ちゃんと道はあった。それで、教えてもらったとおりに帰ってきて、岩倉の町のちょっと明るいところへ来た。そこでなにげなくバックミラーを見たら、「お客さん、まだ乗ってはりますねん！」という次第。

一生懸命考えたという。たしかに行って、たしかに降りた。降ろして、お金もろうて、お釣り渡して、道聞いて、「気ぃつけて」言われて別れてきたのに、その人がまだおる。これは幽霊や！　それで必死になって走った。

信号が変わったので急停車して、また発進してしばらく行って、こわごわもういっぺんバックミラーを見てみたら、おらんようになってる。ああよかった、と思って車をとめ、外から見てもなにもおらん。「ああよかった。気色悪い、今晩は仕事やめや」と、どんどん町のほうへおりていった。

すると、途中で男の人が手をあげた。男だから幽霊ではないだろうし、行き先も自分が帰る方向だったので、「じゃあ」と乗せた。すると、その人が乗ってくるなり客席のシートの後ろからなにか取りあげて、「おい、運転手さん、こないなもん落ちとったで」と渡してくれた。「それがカツラでしたんねん。それでわかりましたんや」。帯をほどいたりしたときに、カツラを後ろに置いて、それを忘れて降りてしまったのである。バックミラーでそれが見えた。とたんに「あの人、まだおる」と思ってしまったのだ。

そこで想像力をはたらかせて、ちゃんと降ろしたのだから、「あのお客さん、カツラ忘れはったんとちがうか」というところまで思えたら、それでよかった。ところが髪が見えた瞬間、「まだおる、幽霊や!」と走ってしまったわけである。想像力がその先にいかなかった。

要するに想像力の欠如である。そうすると幽霊ができるのだ。幽霊は想像力の産物ではなくて、想像力の欠如の産物だからである。

レフェリーがつくとアイデアがつぶされる

今はどこの大学も自己点検委員会というのをもっている。そこで、自己点検の報告をする。すると、「ちょっとお宅は点検が甘いんじゃないですか」などと文句を言われる。

昔に比べると法的な縛りはずいぶん楽になったけれども、本当にちゃんとやっているか自己点検してくださいと言われる。報告書をつくって、公開しなければならない。ところが自己点検には大きな問題があるのである。

どういうことかというと、たとえば先生方がちゃんと研究をしているかというときに、論文をいくつ書いたかが問題になる。

文部科学省は以前から、「各大学が出版している紀要は業績と認めない」という方針をだしている。「なるべく外国の国際雑誌に出してください」とある。ぼくは、それにはかなり反感をもってきた。日本の雑誌は点数が低くて、外国の雑誌に出したほうが高い。これは変な話でないか。

ぼくの学位論文は、東大の紀要に載っている。それは義務で書いたのではない。文系はどうか知らないけれども、理系の場合、論文はなるべく短く書く。五ページとか、ときにはそれ以下と決まっているのである。ところが学位論文になると、それではすまない。ぼくの学位論文はすべてフランス語で書いて、四八ページあった。そんなものは、ふつうの学会雑誌に載せられない。載せるためには、ばらばらに切ることになる。ぼくの論文はそういう形のものではないから、紀要に書くほかはなかった。

ところが紀要は、外国に知られない。アメリカの『サイエンス』という科学雑誌は、世界じゅうどこの大学でもとっているから、それに載ればみんな読んでくれる。そういうことが必要であるとなってくると、たぶん『サイエンス』に出しても絶対に通らないだろうというような、かすの論文みたいなものをみんな紀要に出すようになった。結局、紀要の質が下がってしまった。もちろんその後、先生方が努力をして、紀要のレベルは上がったけれど、とにかくそのときに言われていたのは、紀要はレフェリーがいないからいけないということだった。

ところが、レフェリーがいるということは、もちろんメリットもあるけれども、すごいデメリットがある。どういうことかというと、たとえば『ネイチャー』の中に、非常におもしろい「Letters to the editor」というページがあった。編集長が読んでおもしろいと思ったら載せてしまうコーナーだった。一九六三年までそれでやっていたが、それはいけないというので、六三年から何人かレフェリーをつけることにした。とたんに、出てくる論文がつまらなくなってしまった。

つまり、三人なら三人のレフェリーがいると、三人とも「これはいいですね」というものしか載らなくなってしまったのである。アイデアはおもしろいけれどもデータがないとか、アイデア倒れであるとか、アイデアがそもそもおかしいというものは落ちてしまう。昔はそのアイデアをエディターが見て、なんだかよくわからないけれどもこのアイデアはおもしろいと思ったら載せていた。あとで嘘だとわかっても、かまわない。

その雑誌の沽券《こけん》にかけて、この雑誌に載ったものはみんなたしかなものだということにしなければいけないというので、本当にたしかなものしか載らなくなれば、おもしろいアイデアは落ちてしまう。レフェリーがつくということには、そういうデメリットがある。

今はみんな、レフェリーがいて、「あの雑誌は難しい」と評判の雑誌に載せる。けれどイギリスやアメリカの雑誌なら、若い人が書いて多少データは足りないけれどもアイデアはおもしろいというものは、かなり載せる。どうなるかというと、日本人のアイデアはあまり紹介されなくなってしまった。

それで、ぼくは日本の雑誌をつくった。これには日本人のアイデアを買おうという気持ちからだった。

ところが、この雑誌の編集委員会やレフェリーの人たちは、そういうことをあまり理解していないから、なるべく返却率を高くしないといい雑誌にならないと言う。投稿されたものの八〇%を拒否することにすると、非常に国際的にレベルの高い雑誌であるという権威を保てる。ともすればそういう方向に向いてしまいがちだった。

日本は外国が発明したものをすこし手直しして、便利に使えるようにして売ってしまうと言われている。それをなんとかしなければいけないと言っている片方でそういうことをやっているのは、非常に問題があると思った。

科学と神は必ずしも対立しない

ぼくがフランスで暮らしてみて思ったのは、日本という国には、フランスの香水とか化粧品とか、ブランド物もいっぱい入っているし、ファッションも入っているけれども、フランス文化というのは、日本にほとんど入っていないのではないかということである。フランスに行って、これはまったくちがう文化だと思った。

たとえばボードワン先生に連れられて、虫を見るために旅行をする。すごい田舎にも行く。フランスの田舎というのは、当時は本当の田舎だから、ファッションなんていうものはない。水もあまりないから、一か所だけ水道が出るところに集まって、奥さん連中が洗濯をしながら、そこでわいわい井戸端会議をやっている。それを聞くともなく聞いていると、「なぜ?」「なぜならば」という単語がやたらに出てくるのであった。

「なぜ?」とだれかが聞いて、もうひとりが「どうしてかといえばね」と言っている。日本のおばさんたちの井戸端会議で、「なぜならば」ということばはまず出てこないだろう。それがやたらに出てくるので、これはやっぱりちがうなと思ったのである。

それまでにもぼくは、ヨーロッパ人の書いたものには一般的に言って「なぜならば」ということばがものすごく多いと思っていた。その影響からか、ぼくの書いた文章には、「なぜならば、……だからである」というのが多く出てくると思うが、ほかの日本人の書いたものはそうではない。ぼくにはそれがものすごく印象的だった。

フランスである人の家を訪れたときのことだ。きれいなお花が生けてある。それで、「これはきれいですね」と言うと、「なぜだ?」と聞かれた。ふつう日本で花を見て「きれいだ」と言ったときに、「なぜですか」とは聞かれない。ぼくはちょっと困って、その場はうやむやにしてやりすごしたけれど、また別の家を訪ねていったら、やっぱり花が生けてある。「きれいだ」と言ったら、「なぜだ?」と聞かれた。これはおもしろいと思って、三軒目に行ったときにまた「きれいだ」と言ってみたら、「なぜだ?」と言われたので、「なぜ、なぜだと聞くんですか?」と尋ねた。そうしたら、相手は困ってしまった。「さあ、わからない」と言う。

これは非常におもしろかった。ぼくはいろいろ考えたけれど、結局、「これは私は素敵だと思う」とか、「この色はきれいだと私は思う」ということは言えるけれども、断定的に「これは美しい」ということは、神様でないかぎり、言う権利はないと思っているからではないか。だから、まるで神様のように「これは美しい」と言う権利はぼくにはないのである。「この色の取り合わせがいいからぼくは好きだ」、「自分は非常に美しいと感じる」という言いかたはできるのだけれども、断定的に「これは美しい」という言いかたはできないのではないか。

そう考えると、「なるほど、これは日本とちがうな」と思った。日本では平気でものを断定的に言う。自分はそう思うという言いかたで主張するのではなくて、「これはこうなんだ」という格好で言う。

科学がどうしてヨーロッパから生まれたかというと、そういうことなのかもしれない。つまり、「自分はこう思う」と言うと、ほかの人は「いや、おれはそうは思わない。おれはこう思う」というやりとりをするから、議論ができてくる。そのときに「なぜ、おまえはそう思うんだ」と聞くと、「それはこうこうこうだからだ」。そして「いや、おれはそうは思わない。こうこうこうだから、こうだ」。

同じ理由をあげたとしても、別の人はまったくちがう解釈をするかもしれない。こんなことをやっていたのが、どうもヨーロッパの科学というものの起こりではないかなと思ったのである。ぼくは今でも科学論をやるときには、わりとこれを大事な根拠にしている。

日本では、「これは正しい」とか、「これは科学的に証明されている」と言うけれども、本当はそんなことはわからないはずだ。その人がそう思っているというだけの話で、本当に証明されるかどうかは神様しか知らない。どうもそういう気持ちが、ヨーロッパの連中にはあるようだ。だから、だれかがある主張をしたときに、「いや、おれはそうは思わない」と言ったってかまわない。神様はどちらが正しいかは知っていて、人間にはわからないのだから、ということのようである。

フランスの歴史を見ると、えらい人が威張っていたこともあるようだから、必ずしもそれだけではないかもしれないけれども、少なくとも科学が展開していくときは、そういうふうに思っていたほうが、新しいことが見つかって、新しい証明ができる。だれかが神様にとってかわるように、「これは正しい、これは正しくない」ということをやると、話はとまってしまう。

科学と神は対立するもののように思われるけれども、必ずしもそうではないのかもしれない。神の存在を信じている人のほうが、より科学的にものを考えているかもしれない。より科学を進めるのにいいメンタリティをもっているのかもしれない。日本人は自分が神様にとってかわっているようなところがあるから、「おれの言うことは絶対正しい」となる。そのへんが困る。そんなことを感じていた。

バカンスからパリに帰ってきて、あちこちの研究室に行った。ぼくはそのとき農工大の助教授だったが、フランス人にとっては助教授の「助」なんてあってもなくても同じことで、プロフェッサーということになる。それで、プロフェッサーとしてあちこちへ行って、いろいろ話をする。そのときに、先生はちょっと忙しい。昼飯の時間になると、助手のわりと若い女の人が案内してくれて、どこかに食べに行く。

そのときにどうするかというと、彼女はぼくをひとりのムッシュー、男として扱うので、こちらも助手であろうがなんであろうが女として扱う。だから、ドアを開けるときには、ぼくがドアを開けて、「どうぞ」と入れてあげる。そのときにフランス人のやりかたは、ついでにちょっと背中に手を触れて、「どうぞ」と押す。女のほうも、「メルシー」と言って入る。そういうのが何回もあったので、ぼくはそういうものだと思っていた。

フランスに九か月ぐらい滞在して、最後にドイツへ行った。ドイツでもまたあちこちで講演をしたりすると、また同じような状況で若い助手の女の人が昼飯に連れていってくれる。それでフランス式にドアを開けて、「どうぞ」と言うと、話はややこしくなる。「いえ、私は助手で、あなたはプロフェッサーだから、どうぞお先に」とかいうことになるのである。なんでこんなにややこしいんだろうと思ったが、ぼくが「ぼくはフランスから来たんですよ」と言うと、「わかりました。じゃあフランス式にしましょう」と言って自分でさっと入る。

つまり、ライン川を渡った向こうの国ではどうやっているかは知っているのだけれども、ドイツではやらない。ドイツでは男と女ではなくて、研究室を離れても必ず教授と助手なのである。フランスでは、研究室の中ではもちろん教授と助手だが、外へ出たとたん男と女になる。要するにフランスの場合には、男と女の関係というのがいちばん基本にあるらしい。それがとてもおもしろかった。

パリ大学では、男の子と女の子がたくさんいるときには、たいてい混ざっている。日本のように、片方に男が座って、反対側に女が座るということはほとんどなかった。

ドイツの大学へ行くと、日本と同じで、ぴしっと分かれている。くっついているのは、とくに仲のいいカップルである。これは聖域になっていて、ほかの人は声をかけたりしない。

フランスの場合は、二人きりになりたかったらどこかへ行けばいいので、みんながいるところでは、ほかの人から声をかけられたら、ちゃんと会話をする。ドイツだと、それはなくなってしまって、カップルになる。日本とよく似ているという感じだった。そのへんがすごくおもしろかった。

日本人がよく、フランス人は不親切だと言う。そうではない。日本と感覚がちがうのである。一方で、ドイツ人は親切だと言う。どうしてかというと、たとえばどこかへ行きたいけれども道がわからない。どっちかなと思ってキョロキョロしていると、ドイツ人はすぐやってきて、「どこへ行くんですか?」と聞いてくれる。しかも英語でやってくれる。親切に教えてくれるし、場合によってはついてきてくれる。ところがフランス人は、同じ状況でも、絶対に「どこへ行くんですか?」と聞いてなどくれない。気にはしているようだが、声をかけることはない。そのかわり、こちらから尋ねると、それは親切に教えてくれる。

要するにドイツ人や日本人はある意味ではちょっとおせっかいなのである。困っているのではないかと思ったらすぐに手を差し伸べる。そういう文化である。ところがフランス人は、その人がなんのためにそこにとまってまわりを見ているかはわからないわけだから、たとえばだれか女が来るのを待っているのかもしれないし、秘密のこともあるかもしれない、それをいちいち聞くのは失礼だと考える。だから向こうから聞いてこないかぎりはまず絶対に声をかけたりはしない。

親切とおせっかいは紙一重みたいなところがある。そのへんもフランス文化はちがう。フランスでは「イル・フォー・ドゥマンデー」ということばがある。聞いてみればいい、という意味だ。必要な場合にはなんでも聞く。そうすればちゃんと教えてくれる。黙っていたらなにもしてくれない。それは不親切とはちがう。フランスの文化とはそういうものなのである。

「賢く利己的」であること

ぼくは以前、愛というものは男が女にしかけた網であって、女がその網に引っかかっている間は男は安泰であるというようなことを書いた。そうすると、何人かの男に「おまえ、本当のことを書くなよ。困るじゃないか」と言われた。だから、ぼくはけっしてまちがったことを言ったのではないらしい。

このごろは動物行動学で研究がたくさんあるが、愛というのはメスにしかないものだということになっている。メスは自分の子どもを育てるために、なるべくオスが一匹、自分のそばにずっといてほしい。そうするとメスのほうは自分の子どもが育てられる。本当はオスなんかどうだっていい。オスは自分に役立てばいい。そういうものらしい。

オスのほうは、そんなことをするのは面倒くさいので、ほかのメスのところへ行って子どもを産ませたほうがいい。だから、愛というものはないのではないか。メスのほうは、自分の子どもをできるだけ丈夫に早く育てたいのだけれども、そのためには自分のそばにいて守ってくれるオスが一匹必要である。それがそばにずっといてくれることをもって、愛と言っているのではないかというふうに、今は言われている。最近では、そういう本もいくつか出ている。

動物たちというのは、昔は種族を維持するために、場合によっては自己を犠牲にしても、子どもを産んだり育てたりすると言われていた。とにかく種族を維持するためには、一匹一匹の個体は犠牲になってもよいという見方がずっとあった。ところが、最近の動物行動学ではそうではなく、動物たちはだれも種族のことなんか考えていない。要するに自分の血のつながった子孫ができるだけふえてほしいとしか思っていない、とされている。

たとえば巣の中に鳥がいて、ひなを何羽か育てている。そこへよそから同じ年ごろのひなが迷い込んでくる。同じ種族の子だ。種族のことを大事にするのであれば、その迷子はちゃんと迎え入れて一緒に育ててやるべきだろう。ところが、ふつうはいきなり殺してしまう。それはどうしてかというと、自分のとってくるえさの量にはかぎりがあるのだから、もう一匹ほかの子をまぎれこませたら、自分の血のつながってない子どもを育てるためにえさの一部が使われて、自分の子どもが食べるぶんが減ってしまう。それは自分の子どもがたくさん丈夫に育つのにはマイナスになる。だから、よそから来たものは、自分の子どもでないことはわかっているから、殺してしまうのである。じつに残酷である。要するに自分の血のつながった子孫ができるだけ早く丈夫に育って、早く孫をたくさんつくってくれることを、「願って」いるのである。

ほかの動物はそうである。だけど人間だけはちがいます、と言う人もいる。しかしこれはなかなか信じがたい話である。仮に動物が一〇〇万種類いるとする。全部調べられたわけではないけれども、調べられたかぎりにおいて、おのおのがみんな利己的で、だれも種族のことなど考えてはいない。オスはオスで自分のこと、メスはメスで自分のことしか考えていない。オスがメスをいたわるとか、メスがオスをいたわるということはないわけである。自分の得になるときはいたわるけど、そうでなければ関係ない。徹底的に利己主義である。そういうことになっている。人間以外の動物が九九万九九九九種いて、この九九万九九九九種の動物たちはみんな利己主義だということになる。だけど、人間だけはちがうと言うのは無理があるだろう。ふつう、そういのである。

う論理はない。けれども、人間は特別だと思いたいから、一生懸命そう言ってきたの
である。

崇高なものをもっているとか、社会のことを考えるとか。でも、どうもそうではないらしい。それに追い討ちをかけたのが、動物たちはそうやって残酷に生きているけれども、おとな同士で殺しあいはあまりやらないことである。ある意味では、人間よりもずっと道徳観がある。あるいは、モーゼの十戒の「汝《なんじ》、殺すなかれ」に忠実にしたがっているように見える。本当は利己的なのだから、なわばり争いをしたときには、相手を殺してしまったほうが、自分は安泰でいられる。殺さずにおけば、相手がまたなわばりを取り返しに来るかもしれない。しかし殺さない。

どうしてかというと、相手を殺すような戦いかたをするときは、場合によると自分も殺される可能性がある。それは損だ。だから、そういう荒っぽい戦いかたはやめておく。なぜなら自分が損だから。相手を殺すか殺さないかではなく、自分が殺されるかもしれないから損だからやめておこう。相手もそう思っている。相手もそう思っているから、お互いに、むちゃくちゃな戦いかたはするまいと思っている。だから、結局殺しあいにならない。

麻雀《マージャン》をやるときに、強気麻雀と弱気麻雀がある。このごろ麻雀は流行《はや》っていないけれども、強気で、「相手がリーチをかけていようがなにしようがやっちゃえ」というのが強気麻雀である。それをやると、うまくいったときはぱっと取るかもしれないが、へたをしたらとんでもないものを振り込んで大損するかもしれない。

結局、そういう計算である。自分が大損をするのはやめておこう。相手を殺すのがいいとか悪いではなく、自分が大損したくないから、相手を殺すようなことはしない。そういうことだということで、説明がついている。

それはどういうことかというと、逆説みたいなもので、浅はかに利己ではなく、先まで見た利己になると、相手は殺さないという判断になる。中途半端な利己だと、相手を殺してしまうだろう。今は人間同士の殺しあいがあるけれども、単純に「あいつは憎らしい、殺しちまえ」というので殺して、捕まったら、自分は刑務所に入ることになる。もうすこし利己的な人であれば、それは損だから、憎らしいけれども殺すのはやめておこう、となる。たぶんその人は得をするはずである。そういう意味では、ほかの動物たちのほうがずっと利己的で、しかも賢く利己的なのではないか。そのへんの話は、動物行動学から出てきた、ひとつの大きな逆説である。

昔の動物学では「ハトの夫婦は仲がいい。それを見習って人間も夫婦仲よくしましょう」という次元の話だった。ところが、ハトの夫婦は本当はたぶんちっとも仲よくないのである。メスだけに任せておくとひながうまく育たないかもしれないから、オスのほうはしかたなく自分も手伝っているのである。

意地の悪い見方であるが、逆に言うと、実際にはそうなのだから、それにのっかってあまり無理をしないほうがいいんじゃないか、と思えてくる。そのほうがもうすこし楽に生きられるのではないか。しかし、けっして愚かに生きろというわけではない。逆に言うと、賢く利己的に生きるのは非常に大変である。

人が働いていようが自分は旅行に行きたいから会社を休むというのは、浅はかに利己的なのであって、そういう人は間もなく損をするようになる。会社の中での立場が悪くなるとか、場合によってはそれで会社を辞めて、ほかの会社へ行って、また同じことをやって、三つぐらい仕事を替われば、四つ目の会社は履歴書を見て採用を控えるだろう。

やはり自分でよく考えて、賢く利己的な生きかたをしてほしい。

利己的な「死」

ずいぶん昔のことだが、弘文堂が「死の文化」という叢書《そうしょ》をつくった。変なのを始めたなと思っていると、その中の一冊として、「動物学から見たという意味を含めてなにか書いてください」と言う。いろいろ考えて『利己としての死』という奇妙なタイトルの本を書くことにした。

タイトルを伝えると、編集部の人はさっぱり意味がわからなかったようだ。原稿を渡したら、やっとわかってきたという話だった。

要するに、動物たちはとにかく自分の血のつながった子孫ができるだけたくさんふえてほしいと「願って」いる。そのためにいろんな形で努力している。そうすると、われわれ人間が生きているのは、なんのためなんだろう。少なくとも人間は、人類存続のために生きているとは思っていないのではないか。今は、人類が滅びてしまわないために自然環境を守ろうとしているが、実際にはあまりうまくいっていない。戦争をなくして平和のために生きたいという人もたくさんいるけれど、これもあまり効果があがっているとは思えない。結局、つきつめてみると、もちろん子どものいない人もいるしつくらない人もいるけれども、全体として自分の子ども、孫がいて、元気かつ幸せな環境にいるということは、本人にとってみたらとにかく幸せなことである。

そのくらいの年齢になると、親はどう考えても老けてくる。遺伝子の立場から考えれば、年をとって繁殖能力も落ちてきた親の世代にまた子どもを産ませる努力をするよりも、若い子どもたちが孫をつくっていくほうがずっと楽だろう。

そして、年とった連中が、若い子どもたちのところに立ち入ってきてほしくない。たとえば、次の世代の若い連中が、お父さんやお母さんの世代を好きになったりすると、話は非常にややこしくなる。遺伝子にとっては損だから、どう見ても老けているようにプログラムする。白髪《しらが》にしたり、太らせたり、若者と見分けがつくようにする。若い世代が元気にやっていくために、老人のほうは少しわきへどけるわけである。

そうして、孫でもできるころになると、おじいさんたちはまた年をとって、もう老いてきている。そういうのがまだそこに生きている。少なくともほかの動物の場合、有限な場所に何代も住んで同じものを食べているとなると、むしろ若いものたちにとって非常に迷惑な存在になる。

実際のプログラムとして見ると、それぐらい年をとってきたものは適当なところで死んでもらう。そうするとその部分があくので、若い連中がもっと元気になって、孫がひ孫を産んだりする。これは、死んだ本人にとってみても、結局自分の血のつながった子孫が元気で、ますます楽しくふえている。考えてみれば、幸せな話ではないだろうか。

そういう年齢になったときには、あえて自殺する必要はないけれども、死ぬときはそれを受け入れてお亡くなりになったほうが自分の血のつながった子孫にとってはいい。結局、自分にとってもいいことだと思ってはどうですか、という本を書いたのである。それが『利己としての死』という変なタイトルになった。

これは姥《うば》捨て山と同じだと言われるけれども、大まちがいである。姥捨て山というのは、自分と自分の子どもの問題などではなく、ある集団の繁栄のために自分が死ににいくわけで、非常に悲惨な話である。ぼくが言いたかったのは、自分の血のつながった子孫、子ども、孫、ひ孫というのがいて、その人々が楽に生きられるように、自分があるところで身を引いてしまおうということなのだ。子どもたちから惜しまれたり、悲しまれたりしながら死んでいく。「子どもたちは元気でいるなあ」と見ながら死んでいくほうがやはり幸せなのではないか。だから、適当な年になったらもうお亡くなりになったほうがいいですよ、自分にとってお得ですよと書こうと思ったんだけれども、あの本を書いたときは、じつはそこまではっきり書けなかった。

書評がいくつか出て、どう言われるかずいぶん心配していたのだけれども、こてんぱんにけなされたものはなかった。「非常に奇妙なタイトルで、論旨も非常に奇妙であるけれども、読み終わってみるとなんとなくほっとしたような気持ちになるから不思議である」という書評があった。それを読んで、ぼくもなんとなくほっとした。そういうふうに受け取ってもらえたら非常にありがたい。

デズモンド・モリスは、『年齢の本』というのを書いている。それが言わんとしているメッセージは二つある。ひとつは人間の一生には厳然としたプログラムがあるということ。もうひとつはプログラムはあるが、個人個人はまったくさまざまな生きかたをしていること。彼は、その二つを伝えたいと言っていた。

プログラムがあることを認めたがらない風潮はいまだにある。しかし、昔からそういうことは言われていた。たとえば、「寄る年波には勝てない」。年をとるのはしかたがないと思っている見方も前々からあったのである。最近では、それを否定するほうが進歩的で、進んだ生きかたであるとされる。これは二〇世紀の思想の残存物のようなものだ。

年をとっていくと、だんだん若い世代の中からはずれていくのだけれども、その中で楽しく魅力的であるためにはどうしたらいいかを考えていったほうがいい。アンチ・エイジングに狂奔している時間を、もうすこしものを考えるのに使ったら、もっと魅力的になるのではないか。

あとがき

この本には「概念的」なことがたくさん含まれている。

それは、ぼくが動物の研究をしている中で、たえず考えねばならぬことが次々に出てきたからである。

そのひとつは、いろいろな動物の「生きかた」と「その論理」を知っていくにつれて、「それではわれわれ人間は、いったいどういう生きかたをし、どういう生きかたの論理の上に立っている動物なのか?」ということであった。手短に言えば、「人間はどういう動物なのか?」ということである。

人間は数々の戦争をして、人を殺しながら生きてきた。なぜなのか? 人々は戦争が好きではない。平和な暮らしを望んでいる。だがその望みは、おいそれとは満たされない。なぜなのか? こういう疑問に始まって、問いたいことはいくらでもある。

「人間はどう生きるべきか?」ということは、昔からたえず問われてきた。しかしぼくは、今われわれにとって重要なのは、「人間はどう生きるべきか?」を問うより「人間はどういう動物なのか?」を知ることであると思うようになった。

人間は昔からの哲学論争で言われるような存在ではなく、とにかく動物の一種である。では、どういう動物なのか?　それを知ればどう生きるべきかも出てくるであろう。ぼくは単純にそう考えたのである。どういう動物かを知らなければ、どう生きるべきかがわかるはずはない、と。

しかし人間は、すぐれた論理能力をもち、言語などというものももっている。そして、そこからさまざまなイリュージョンもつくりだしてくる。人間はまた「科学」などというものも考えた。「ものは科学的に考えねばならない」。人々はみなそう思っている。たしかにそのとおりにちがいない。けれど、では「科学」とはいったい何なのだ?

世の中では「科学」、「科学」ということばがさかんに使われる。ときには逆に、「いや、科学ではいけない。感性が大切だ」ということもよく言われる。

ぼくにはだんだんわからなくなってきた。いったい「科学」とは何なのだ?

第二章を経て第三章は、この問題についてぼくが悩み考えてきたことである。

この過程で、ぼくは「動物行動学」なるものとつきあうことになった。動物行動学は、「それぞれの動物がなぜそのような行動をしているか?」を知ろうとする学問だと言えるだろう。

ぼくがこの本でもあちこちで述べているとおり、動物行動学は、これまでの生物学の認識をがらりと変えることになった。ぼくはそこから、新しいものの見方と考えかたを学んだ。その上に立って、ぼくは、科学とか論理について、かなり大胆なことを考えてみることができるようになった。

そのような意味で、この本はほかの本とはまたちがうおもしろさをもっているなと、ぼく自身は思っているのである。

この本をつくるうえでお世話になったすべての方々に、心からお礼を申し上げる。

二〇〇八年六月

日高敏隆

解説　教養としての科学

絲山秋子

「ぼくにはだんだんわからなくなってきた。いったい「科学」とは何なのだ？」
（一九六ページ）

本書のあとがきの一節を読んで、私は空中に放り出されたようなショックを受けた。日高さんにそう言われてしまったらどうしようもない、と思った（小学生の頃から著作に親しみ、憧れてきた日高敏隆氏のことをここで日高さん、と書くことをどうかお許しいただきたい）。

しかしどういうわけか、そのショックには一種の痛快さが伴ったのである。およそ科学者でこんなことを書けるのは日高さんしかいないのではないか。その率直さに私は改めて日高さんを信頼している実感を得て、嬉しくなったのだ。

あまりにも漠然としてしまった「科学」の意味は、それぞれに考え直していかなければならないだろう。私もここで稚拙ながら自分の考えを述べたいと思う。

「科学」に含まれるものとして、私は「研究」、「実用」、「情報」、「教養」という四つの要素を考えたい。これらは孤立しているのではなく互いに補い合っている。本書はもちろんのこと、長年にわたって日高さんが一般向けに書き続けてこられた数多くの書物で扱われているのは、「教養としての科学」である。しかし二〇一三年現在の社会を見回したとき、「情報としての科学」が、「教養としての科学」よりも圧倒的に求められているように見える。

「情報」と「教養」の違いはなにか。

「情報」は利用することに価値があり、「教養」は利用しないことに価値がある。そこが教養のわかりにくい点だろう。

「研究」にせよ「実用」にせよ「情報」にせよ、科学は「ブレーキ」という意味合いで「教養」の裏打ちを必要としていると私は考える。正しくブレーキがかかって検証や見直しが行われることがそれぞれの質の維持向上に繋がる。「研究」や「実用」の場合は学会での検討や企業リテラシーという歯止めがかかる、こともある。この歯止めも蓄積された教養のひとつの姿である。では、世論形成に影響する「情報」が、感情や思い込みを強調するためのご都合主義に陥らないためにはどうしたら良いのか。そのブレーキが「教養」の役目だった。かつてはそうだった。しかしながら現代の日本で教養というものは崩壊してしまった。ここに日高さんの悩みもあったのではないか。

そもそも「教養」とはなんなのか。辞書（大辞林 第三版の解説より）では、①おしえそだてること。②社会人として必要な広い文化的な知識。また、それによって養われた品位。③単なる知識ではなく、人間がその素質を精神的・全人的に開化・発展させるために、学び養われる学問や芸術など、とある。幅広く文化的な知識を身につけ、理解して成長するために、私たちは教育を受けたり、経験から学んだりするのだが、実体験以外の方法のひとつに読書がある。

日高さんの著書はもちろんのこと、本書に挙げられているコンラート・ローレンツ、デズモンド・モリス、リチャード・ドーキンスといった動物行動学の学者たちの著書は「むずかしいことをやさしく書く」という考えに基づいて著されたものばかりである。「むずかしいことをやさしく書く」のは実はかなりむずかしい。だが、普遍性を追求し、問題点を整理し、多くのひとと知識を共有するためには大切なことである。このことに於いては理系の専門家の方が文系のひとたちよりもはるかに意識的であった。私自身、科学者ではないが統計学者の父から「むずかしいことをむずかしく書くのは誰でもできる、むずかしいことをやさしく書くのが頭のいい人である」と子供の頃から言われて育った。その一方で、社会科学はもちろんのこと、卑近な例で言えば文学研究などを見ても、どういうわけだかわからないが相も変わらず簡単なことを難解に説くという慣習がまかり通っている。個人的には文学にも科学的分析があって然るべきだと考えるが、脱線もいいところなのでこれ以上は控えたい。

「むずかしいことをやさしく書く」というのは、「わからないことを都合よく理解する」こととは全く違う。「情報」は、人間が努力を怠るために存在するのではない。動物行動学は「コスト・ベネフィット計算」という経営学の視点を取り入れてさらに発展したわけだが、この成果によって畑違いの事柄まで動物行動学という「科学」の錦の御旗を得て「都合よく理解される」ケースが増えた。有名な「利己的な遺伝子」について、リチャード・ドーキンス自身が「利己的なのは遺伝子であって、個体ではない」と発言したことも、動物行動学が恣意的に誤った方向で利用されることに危機感を感じたからではないかと推察するのである。

身近な問題としては、とりわけインターネットに集積される情報のことがある。ネットによる情報発信にはある程度の自由度が含まれるが、だからこそ織り込まれる真偽や発信者の意図、書かれなかったことなどについて、より意識的に精査される必要がある。言葉というものは曖昧でありながら、繰り返せば真実味を帯びてくる怖さがあるからだ。

もちろん私もさまざまな情報から影響を受けている。無自覚であることも多いだろう。情報の信憑性、データの使い方に対して違和感を覚えながらなすすべがないとき、私は自分自身に教養が足りない、と痛感するのだ。

人間は賢くなれないのだろうか。

「遺伝子とミームの相克」の章で、日高さんが繰り返し述べている言葉がある。

「こういう選択はその本人がすることだから、はたからとやかく言うべきものではない」（五一ページ）

「いずれにせよ、こういうことは、女と男の「個人」の問題である。国が自国の人口のことを考えてとやかく言うべきことではない」（五二ページ）

「とやかく言う」ひとは世の中にあふれている。だが、「とやかく言うべきではない」と言ってくれるひとは少ない。カネもモノも情報も、あればあるほどいいという考え方が、戦後、そして高度経済成長期以後の日本では優先されてきた。そのあと地球環境だのエコロジーだのという言葉が出てきたが、それもやはり「だからこれを買うべき」と言ってモノを新たに売り重ねるためのキャッチコピーに利用される面が目立つのである。

「とやかく言うべきではない」と言うことは、「あればあるほど」の足し算の考えを止めるブレーキである。これを啓発と言い換えることもできる。

「論理と共生」の章で、日高さんはこう書いている。

「人間はじつに浅はかに利己的であった。しかしこれからは自然が自然の論理でふるまうのを許せるぐらいに「賢く利己的に」ふるまうべきではなかろうか?」

（一三二ページ）

日高さんを失った世の中で私たちはどのように、ものごとを観察し、理解し、ふるまっていけるのか、それを考えて頭を抱えたとき、「人間はどういう動物か」という表題が、何度でも立ち返るべきランドマークのように見えてくるのである。

（いとやま・あきこ　作家）

本書は二〇〇八年六月二五日、ランダムハウス講談社より刊行された『日高敏隆選集Ⅷ　人間はどういう動物か』（編集＝本郷尚子）を文庫化したものである。

ちくま学芸文庫

人間《にんげん》はどういう動物《どうぶつ》か

二〇一三年六月十日　第一刷発行
二〇一八年七月五日　第二刷発行

著　者　日高敏隆（ひだか・としたか）

発行者　山野浩一
発行所　株式会社　筑摩書房
東京都台東区蔵前二―五―三　〒一一一―八七五五
振替〇〇一六〇―八―四一二三
装幀者　安野光雅
印刷所　株式会社精興社
製本所　株式会社積信堂
乱丁・落丁本の場合は、左記宛にご送付下さい。
送料小社負担でお取り替えいたします。
ご注文・お問い合わせも左記へお願いします。
筑摩書房サービスセンター
埼玉県さいたま市北区櫛引町二―六〇四　〒三三一―八五〇七
電話番号　〇四八―六五一―〇〇五三

ISBN978-4-480-09553-4 C0145